从基础到应用

# 棒槌蕾丝编织入门教程

## Bobbin Lace

〔日〕志村富美子 著

蒋幼幼 译

河南科学技术出版社

·郑州·

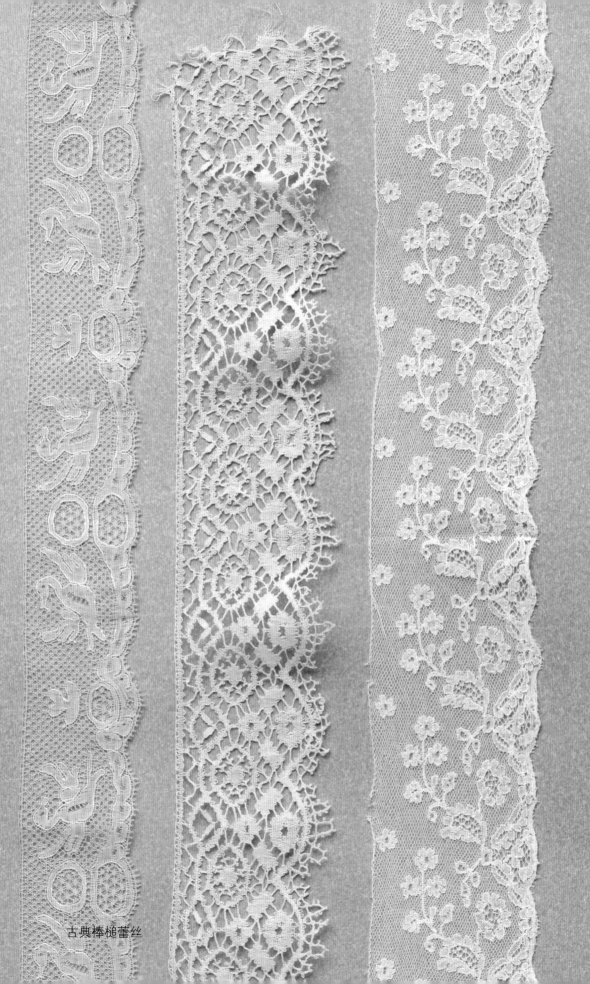

古典棒槌蕾丝

# 目 录

古典棒槌蕾丝

# 棒槌蕾丝介绍

## 棒槌蕾丝的制作几乎遍及欧洲各国

棒槌蕾丝，顾名思义，是将织线缠绕在棒槌（线轴）上，操作棒槌编织而成。在使用枕形底座进行编织的地域，称之为"枕结蕾丝（Pillow lace）"。

据说棒槌蕾丝源于一种镶边饰物（Passementerie），这是用蚕丝和金银线编织的细绳和装饰带。为了保持织线顺直不扭转，将织线挂在钉子上进行编织。

随着编织底座的发明，可以将图样纸型放在底座上，插上大头针，一边操作数十个的棒槌一边固定已织部分的花样，更复杂的操作也变得容易多了。不过，编织时的操作手法只需要组合"交叉（Cross）"和"扭转（Twist）"这两个动作。

本书主要收集整理了欧洲各国作为棒槌蕾丝入门教程的镶边蕾丝技法。镶边蕾丝（Torchon lace）也含有另外一层意思，即"谁都可以制作并拥有的简单蕾丝"。

## 您有扔掉余线的习惯吗?

长期收在盒子里连线号和色号都看不清的线、想着或许什么时候会用到就暂且买回来的线、从棒槌上拆下来的线，以及绕在棒槌上还没用完的线……有时狠狠心就会全部扔掉。我想这种情况应该很普遍吧。

如果编织一条细窄的蕾丝，不需要很长的线就够了。稍微夹杂着不同的颜色也不用太介意，与指定线号比较一下粗细后使用粗细差不多的线也是可以的。如果把蕾丝编织得长一点，可以缝在T恤、衬衫、裙子的下摆或者买来的手帕上，使用范围非常广。

不妨制作一些简单的镶边蕾丝，美美地装饰在身边的各种物品上吧。

# 材料和工具

## 1 大头针

用于将织线固定在戳孔图样（实物大小纸型）上，有粗、细、长、短等各种型号的大头针，根据织线的粗细和蕾丝的种类选择使用。本书使用的是No.3和No.50这两种。

请使用不锈钢材质或者镀镍的大头针。如果是办公用大头针，则很容易生锈，并且会弄脏蕾丝。

## 2 钩针

用于连接蕾丝，建议使用针轴0.5mm左右的极细钩针。

## 3 棒槌

除了比利时和英国产的之外，还有各种各样的棒槌。本书使用的是比利时产的初学者专用棒槌（Kantcentrum布鲁日蕾丝中心的同款棒槌），使用起来非常顺手。

## 4 大头针的取、压工具

为了不妨碍接下来的操作，将插在已织花样上的大头针压入垫子（编织底座）或者取出时使用。

## 5 戳孔针

用于在戳孔图样（实物大小纸型）上戳出小孔。

## 6 织线

原则上，只要没有伸缩性，任何线都可以使用。不过，常用的是麻线和棉线。本书作品中主要使用瑞典产的Bockens麻线60/2和80/2。以数字60/2为例，60表示线的粗细，2表示线的合捻股数，即2股合捻的60支线。支数越大，线就越细。

## 7 垫子（编织底座）

根据形状，有枕垫、圆盘草垫、垫板等多种叫法（本书取荷兰语kussen的意思叫作"垫子"）。可以按比利时的操作方式将垫子放在膝盖上编织，不过还是建议放在便于工作的桌子上编织。本

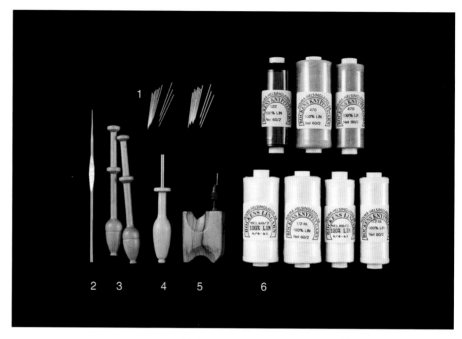

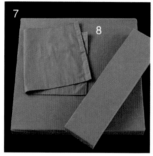

书使用的是手工制作的垫子（参照p.95）。有大小不同的2种，既可以用于描图，也可以拼接成大垫子使用，非常方便。

## 8 垫布

编织蕾丝时，使用垫布可以防止弄脏蕾丝，频繁操作棒槌或者中途移动棒槌还可以避免织线被大头针钩住（参照p.8、31）。

## 9 棒槌收纳包

如图所示，将棒槌收纳在布料缝制的小包里，织线就不会缠在一起，也方便随身携带。棒槌收纳包的制作方法见p.95。

## 10 棒槌夹

中途暂停编织时用来固定棒槌，可以防止棒槌的移动导致织线缠在一起。本书介绍了在木板上穿入橡皮筋以及用毛线钩织的棒槌夹，这2种都可以简单地手工制作完成（参照p.95）。

## 彩色卡纸

按戳孔图样（实物大小纸型）用戳孔针戳出小洞时，垫在底下的厚纸就是彩色卡纸（参照p.12），没有彩色卡纸时，也可以用结实的厚纸代替。

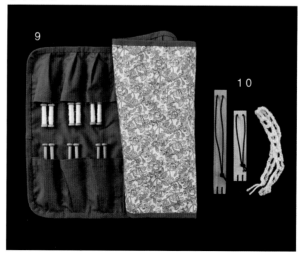

# 线的缠绕方法

为了便于理解，此处使用了较粗的线进行说明。

## 1、2

左手拿棒槌，用拇指按住线头，再用食指按住线，在棒槌头的根部从前往后（顺时针方向）紧紧地绕上2~3圈线。

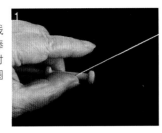

## 3、4、5

均匀地绕线至棒槌头的正中间后，再紧紧地往回绕至根部。重复步骤3和4 2~3次。这样绕好的线就不容易散开。绕至根部后，继续绕线至棒槌头的底端。

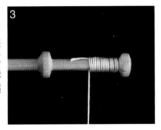

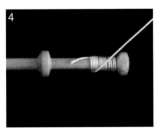

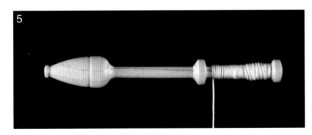

## 6

往返绕上2层线后将棒槌竖起来。一边转动棒槌，一边从上往下、再从下往上均匀地绕线。这样绕好的线就不会扭转。绕上足够用的线即可。

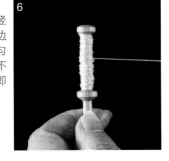

# 线的固定方法

## 1、2、3、4

右手拿线，翻转手指绕成一个线环。将线环套在棒槌头上，拉紧线。

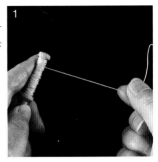

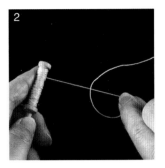

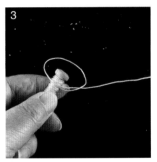

## 5

将线垂下来看一下，如果没有回绕就可以了。使用这种固定方法的特点是，当棒槌呈垂直状态时线不会回绕，放平后转动棒槌可以调节线的长度。如果线一点点地变长，那就说明前面线环的套法有误。

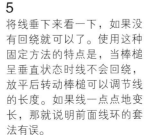

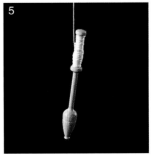

# 2根棒槌为1对

## 1

先在一根棒槌上缠绕足够的线，再如图所示，将绕好的线往回绕到另一根棒槌上，组成1对（绕线起点的处理请参照"线的缠绕方法"）。

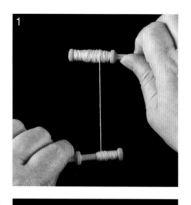

## 2

1对棒槌准备好的状态。第2根棒槌也按相同方法将线固定好。就像这样，务必成对使用。

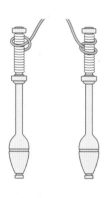

## 将线放长的方法

朝箭头所示方向转动棒槌，就可以将线拉出。

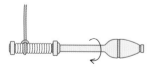

## 将线收短的方法

将大头针插入并挑起线环，一边朝箭头所示方向转动棒槌一边将线绕回到棒槌上。

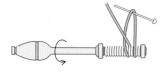

# 棒槌的操作方法

## 棒槌的拿法

在大头针上挂好1对或2对棒槌，每次将2根棒槌进行交叉（Cross）或扭转（Twist）。操作时，并不是拿着细长的柄部，而是将手指夹住棒槌肚部分进行编织。双手尽量保持在心脏位置以下，这样操作起来不容易疲劳。另外，将垫子放在可以从上方直视正在编织部分的位置，这样既看得清楚又能准确无误地编织。

## 准备工作

用大头针将纸型的4个角固定在垫子上。在棒槌的下面铺上垫布，这样棒槌就不会在纸型上滑动，操作起来更加方便。如果对垫布下面看不见的纸型感觉不太有把握的话，也可以铺上半透明的塑料薄膜。因为要长时间编织，垫布最好选择不伤眼睛的颜色。为了便于看清线的编绕过程，本书在解说中使用了黑色垫子，并且去掉了垫布。

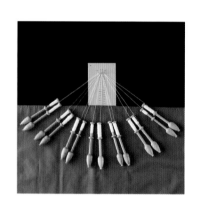

## 棒槌的挂线方法

棒槌的挂线方法分为"常规"和"平行"两种。常规挂法如图所示，每次挂上1对棒槌（绕线时组成1对的棒槌），即先挂上一对，再重叠着挂上另一对（呈交叉状）。只有平行挂法才在技法示意图中加以标注。

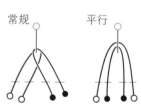

常规　　平行

## 棒槌的操作手法

棒槌的操作手法只有2种。在1对棒槌中，将左边的线压在右边的线上叫作交叉（Cross=C），将右边的线压在左边的线上叫作扭转（Twist=T）。组合这2种动作就可以编织出变化无穷的蕾丝花样。

交叉（C）　　扭转（T）

# 如何看懂技法示意图

本书根据比利时的蕾丝制作方法绘制了技法示意图，对编织方法进行说明。
技法示意图画出了蕾丝编织的结构，包括用几对棒槌线以及用什么针法进行编织等内容。
下面首先了解一下技法示意图的通用惯例及其含义吧。

## 技法示意图的通用惯例

根据线条的颜色区分棒槌的数量和针法的种类等。

———— 1根棒槌

·············· 1根棒槌＝镶边线（装饰线）

———— 2根棒槌＝1对
（图中标记为"1P"或"1"）

———— 2根棒槌＝1对

———— 2根棒槌＝1对

———— 4根棒槌＝2对
（图中标记为"2P"或"2"）

●　　大头针

## 扭转指示线

在技法示意图中，扭转的次数用黑色的短线表示。原则上，在缝纫边一侧和饰边的插针位置做2次扭转（T），从平针换成其他针法或者从一种花样换成另一种花样（即使针法相同）时做1次扭转（T）。上述情况通常在技法示意图中不再标出扭转指示线。
编织半针和全针时，2对棒槌的线必须分别进行扭转。

在插针位置
扭转2次

换成其他针法时
扭转1次

饰边

缝纫边一侧

## 编织起点的大头针

大头针的使用分3种情况。
**定位针：**
在戳孔图样的针孔位置插入的大头针。
**借位针：**
临时借用戳孔图样的针孔位置插针挂线，
用完后拔掉的大头针。
**辅助针：**
在戳孔图样的针孔以外的位置戳孔插入的大头针。
用完后无须拔出，直接继续编织。

本书中：
**定平行2P：** 按平行挂法将2对棒槌挂在定位针上。
**定2P：** 按常规挂法将2对棒槌挂在定位针上，
借位针和辅助针的标记方法也一样。

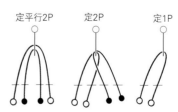

定平行2P　　　定2P　　　定1P

平针（Linen stitch） 全针（Double stitch） 半针（Half stitch）

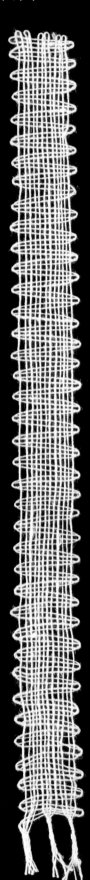
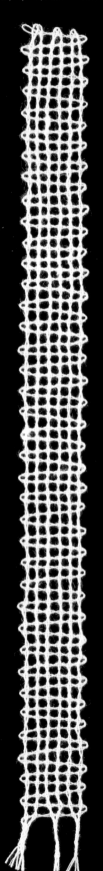
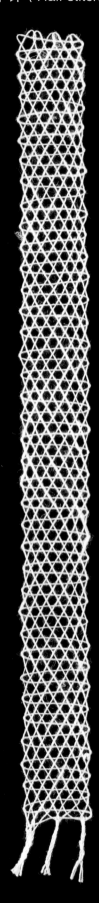

# 3种基础针法

技法示意图中的线条交叉处（＋）就是操作棒槌编织的位置。

编织方法有平针、全针、半针3种，分别用不同颜色表示。

这种用颜色表示操作手法的方法源于比利时，现在为许多国家的编织者采用。

只要掌握了这些技法，就可以编织出任何国家流行的蕾丝作品。

技法示意图

## 平针（Linen stitch）

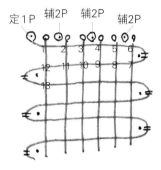
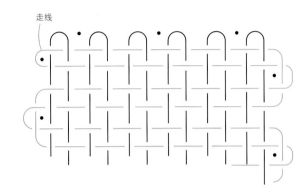

## 全针（Double stitch）

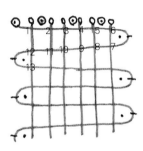
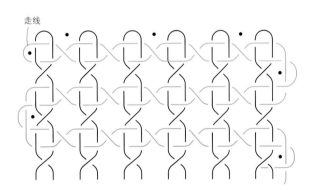

## 半针（Half stitch）

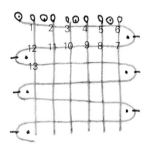
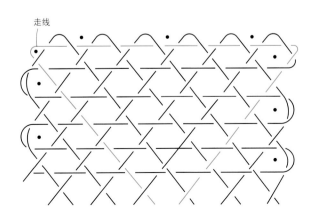

# 纸型的制作方法

**1**

复印本书的戳孔图样（实物大小纸型），在周围加上5~7mm的空白后剪下。将其放在描图用的彩色卡纸上，再在图样的周围加上1cm左右的空白后剪下。

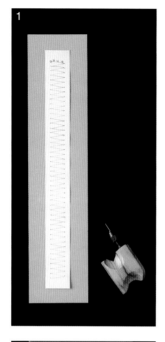

**2**

将彩色卡纸放在垫子上，再在上面叠放纸型并在4个角上插入大头针固定。此处使用的是辅助垫。

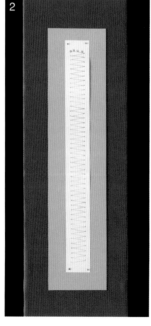

**3**

用戳孔针在表示插针孔位置的点上戳出小孔。在点的中心垂直地将戳孔针插进去。

**4**

在彩色卡纸上戳出小孔后的状态。

**5**

按纸型上的辅助线连接各点。使用可以擦掉重画的笔会比较方便，尽量使用细一点的笔。

**6**

小孔太多，辅助线比较复杂，很难描图时，建议直接将纸型粘贴在彩色卡纸上。在图样的上面贴一张透明黏性薄膜就可以固定纸型。然后只需戳出针孔，不用再画辅助线了。此处使用的是比利时产的蓝色塑料黏膜。

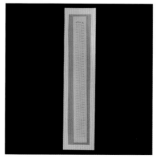

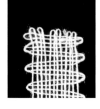

# 平针
# Linen stitch（C、T、C）

平针是以"交叉（C）、扭转（T）、交叉（C）"为1组动作操作棒槌。线条的颜色用紫色表示（请同时参照p.11的技法示意图）。

**1**

按p.11的戳孔图样（实物大纸型）的指示插入4枚大头针。在左端的1枚大头针上只挂上1对棒槌，接着按常规挂法在剩下的3枚大头针上分别挂上2对棒槌。左端1对棒槌上的线将横向移动，成为"走线"。一共挂上14根棒槌。将线的长度调整到棒槌的长度+（3~5）cm，统一所有线的长度。

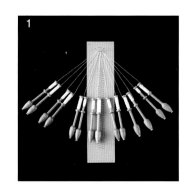

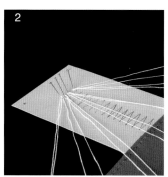

**2**

大头针要垂直插下去，然后稍微向后侧倾斜，这样做可以防止织线浮起。再将左右两端的大头针稍微向外侧倾斜。

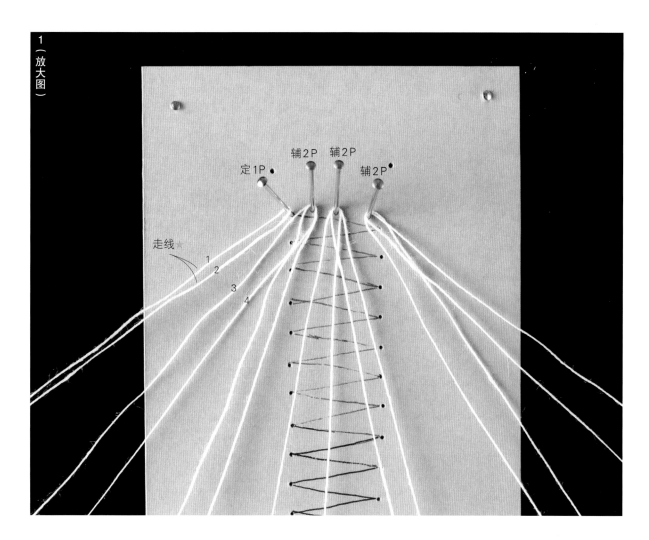

1（放大图）

定1P　辅2P　辅2P　辅2P

走线★
1
2
3
4

14

## 3

首先用左侧的2对棒槌编织，将其他棒槌稍微挪到一边。编织时一定要在自己的正前方操作。

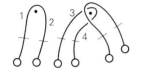

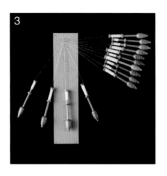

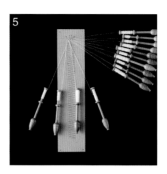

## 5

同时将4与2、3与1做扭转（T）。

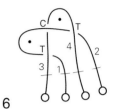

## 6

再将1与4做交叉（C）。平针的1组动作完成（p.11技法示意图中的1）。走线与经线呈井字形，向右侧移动。

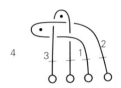

## 4

将1根走线（2）与1根经线（3）做交叉（C）。

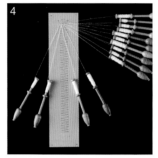

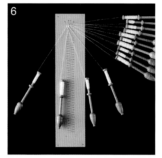

6
（放大图）

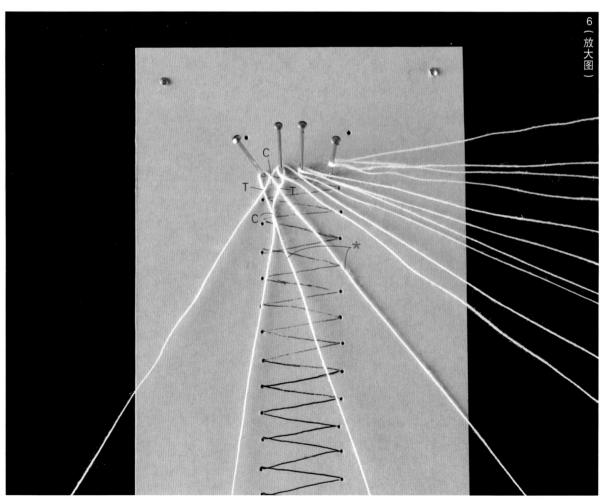

## 7

平针的1组动作结束后，将左端的1对棒槌挪到左边，将走线和下一对棒槌共4根移到中间。

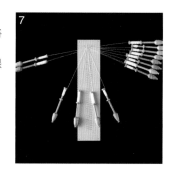

## 10

如图所示，步骤1中一开始在最左侧的1对棒槌上的走线穿梭到了右端。

## 8

重复步骤4、5、6，再完成1组"交叉（C）、扭转（T）、交叉（C）"的动作（p.11技法示意图中的2）。结束后，将左侧的1对棒槌挪到左边，将右侧的1对棒槌移到中间。

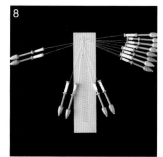

## 11

将右端走线的1对棒槌做2次扭转（T）。

扭转
大头针

## 12

在右端连线的小孔中插入大头针。大头针要从外侧的斜后方插入，才能插得更牢。

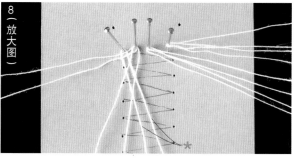

（放大图）8

## 9

按相同方法将所有棒槌都完成平针后的状态（p.11技法示意图中的6）。

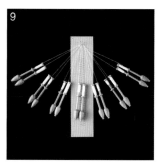

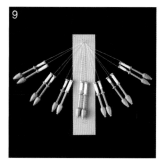

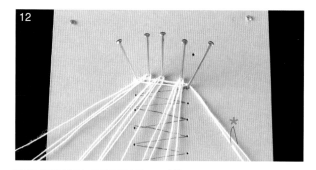

## 13

接下来开始从右侧往左编织平针，留下2对棒槌，将其他棒槌挪到左边备用。

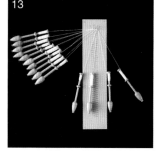

（放大图）9

**14**

按"交叉（C）、扭转（T）、交叉（C）"完成1组动作（p.11技法示意图中的7）。

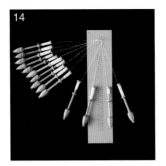

**15**

平针的1组动作结束后，将右端的1对棒槌挪到右边，从左侧移过来下一对棒槌，将2对棒槌放在中间。

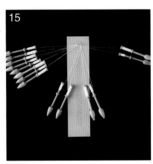

**16**

继续编织平针至左端。将穿梭至左端的走线做2次扭转（T），在下一个小孔中插入大头针。至此，1个往返编织完成（p.11技法示意图中的12）。

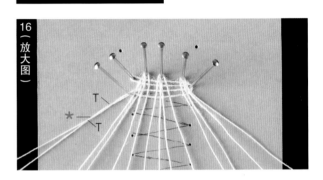

16（放大图）

**17**

按相同方法左右往返编织并在两端插入大头针。最重要的不是棒槌的操作，而是编织的同时要观察织线的纹路。一边编织，一边确保经线没有向右或向左偏移。

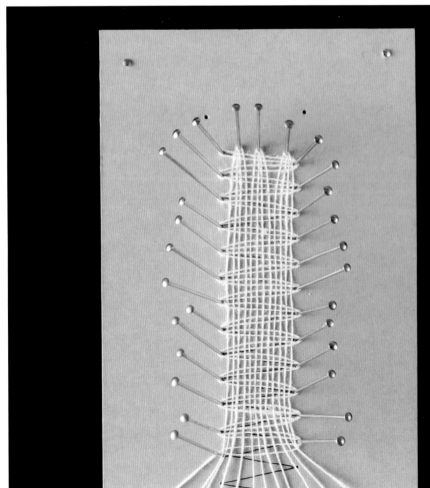

# 末端的处理 辫子（Plait）的编织方法

因为像绳子一样编织得很紧密，常用于末端的处理、花样的连接，以及填补空隙等。
在技法示意图中用蓝色线表示。

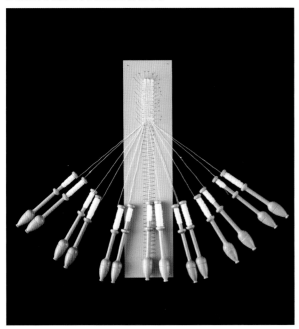

**1**

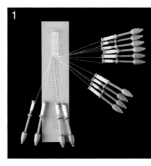

留下左侧的2对4根棒槌，将其他棒槌挪到一边。

**2**

重复"交叉（C）、扭转（T）"，紧紧地编织至2~3cm的长度。接下来的2对棒槌也按相同方法编织。这种编织方法叫作"4股辫"。

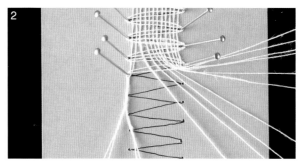

**3股辫**

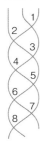

**3**

剩下3对6根棒槌时，就用这3对棒槌一起编织辫子。这种编织方法叫作"3股辫"。

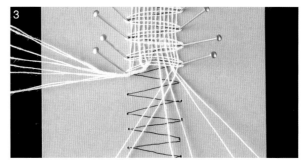

**4**

每次取2对棒槌，重复编织平针"交叉（C）、扭转（T）、交叉（C）"。

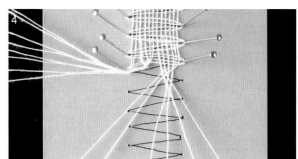

**5**

辫子编织完成后的状态。剪掉多余的线。

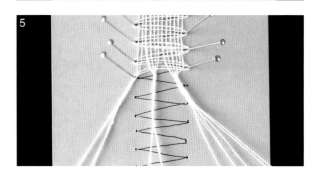

# 全针
# Double stitch（C、T、C、T）

全针是以"交叉（C）、扭转（T）、交叉（C）、扭转（T）"为1组动作操作棒槌。
线条的颜色用红色表示（请同时参照p.11的技法示意图）。

**1**

棒槌的挂线方法与平针相同，按截孔图样的指示插入4枚大头针。左端只挂上1对棒槌（作为走线），剩下的按常规挂法在每枚大头针上挂上2对棒槌。

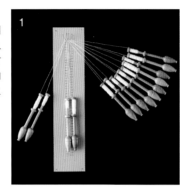

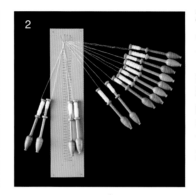

**2**

用左侧的2对4根棒槌做"交叉（C）、扭转（T）、交叉（C）、扭转（T）"，4次操作为1组动作。交叉（C）和扭转（T）的方法请参照p.8和p.14。结束后，将左端的1对棒槌挪到左边，从右侧移过来1对棒槌，按相同方法编织全针。

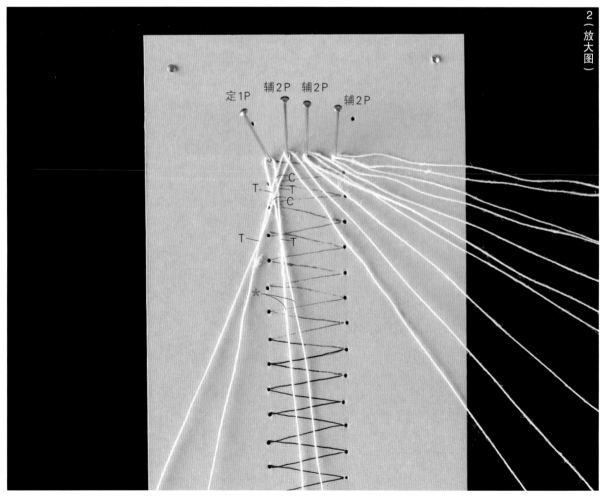

2（放大图）

定1P　辅2P　辅2P　辅2P

**3**

编织全针至右端后，将右端的走线增加1次扭转（T）（一共扭转2次），在边上的小孔中插入大头针（参照p.15的步骤11、12）。

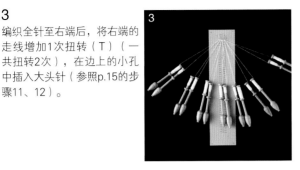

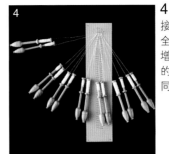

**4**

接下来开始从右端往左编织全针，将穿梭至左端的走线增加1次扭转（T），在边上的小孔中插入大头针。按相同方法继续往返编织。

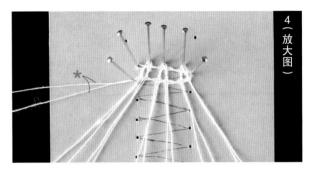

**5**

一边左右往返穿梭走线，一边插入大头针继续编织。

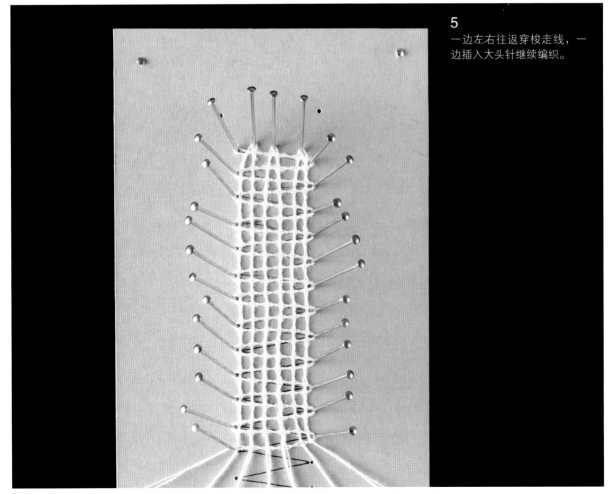

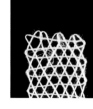

# 半针
# Half stitch（C、T）

半针是以"交叉（C）、扭转（T）"为1组动作操作棒槌的。线条的颜色用绿色表示（请同时参照p.11的技法示意图）。

## 1

棒槌的挂线方法与平针相同，左端只挂1对棒槌，剩下的按常规挂法在每枚大头针上挂2对棒槌。用左端的2对棒槌编织1组"交叉（C）、扭转（T）"。结束后，将左端的1对棒槌挪到一边，从右侧移过来1对棒槌，按相同方法编织半针。

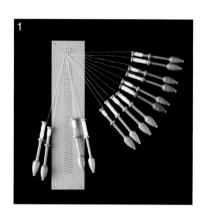

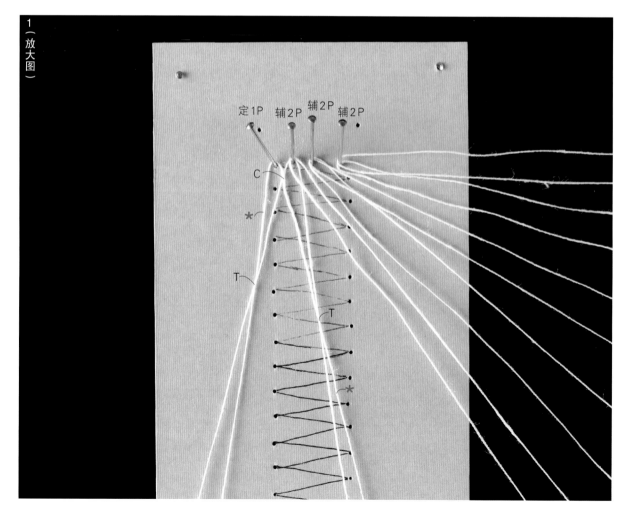

1（放大图）

**2**

编织半针至右端后，将右端的走线增加1次扭转（T），在边上的小孔中插入大头针（参照p.15的步骤12）。

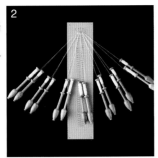

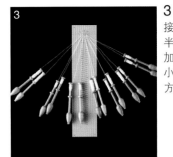

**3**

接下来从右端开始往左编织半针，将穿梭至左端的线增加1次扭转（T），在边上的小孔中插入大头针。按相同方法继续往返编织。

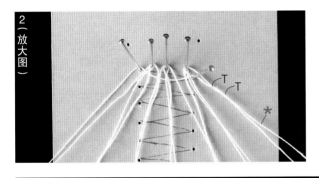

2（放大图）

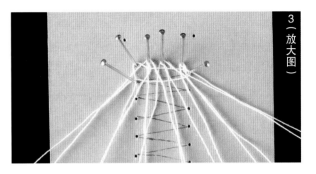

3（放大图）

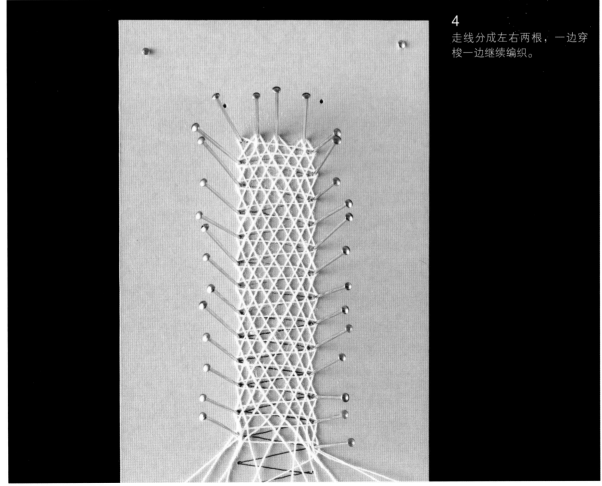

**4**

走线分成左右两根，一边穿梭一边继续编织。

# 带状蕾丝

带状蕾丝是指没有转角的长条蕾丝。

可以装饰在手帕的边缘或者服装的下摆等处，请享受自由应用的乐趣吧。

也可以直接用带状蕾丝制作出转角。→ p.81

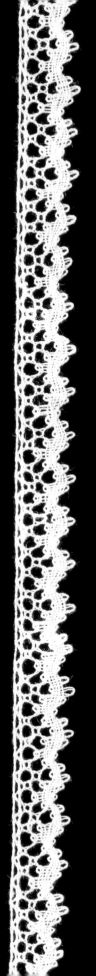

1

# 1

☺材料和工具

用线 = Bockens麻线 60/2

棒槌 = 8对

☺成品尺寸

蕾丝宽度 = 约1.5cm

★

图中的数字表示编织顺序。

编织的基本要领是使纹路呈斜向流动。

请按照p.26的编织步骤进行编织。

戳孔图样
（实物大小纸型）

技法示意图

网眼针（Torchon ground）

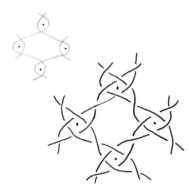

加扭的半针网眼（Twisted half ground）

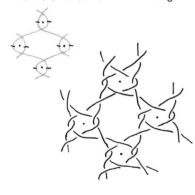

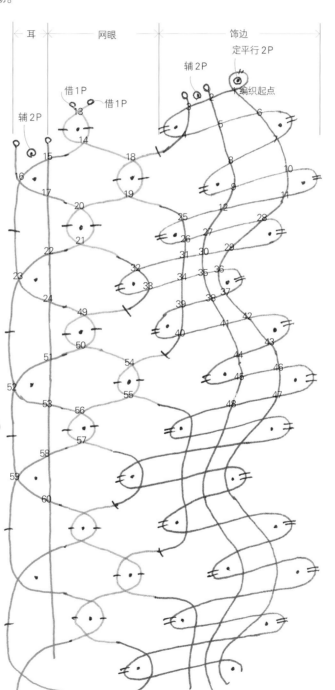

# 蕾丝作品1的编织方法

纸型的制作方法请参照p.12。

掌握了p.11"3种基础针法"的编织方法后，
试试编织蕾丝作品1吧。
下面一边为大家解读用不同颜色表示的技法
示意图，一边按图中的数字顺序进行编织。
学会看懂技法示意图后就能融会贯通，
不妨挑战一下自己喜欢的蕾丝作品吧！

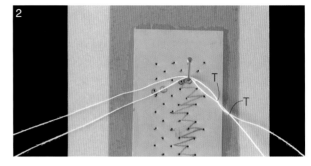

**1**

在编织起点的定位针（⊙）
上按平行挂法挂上2对4根
棒槌（p.25技法示意图中为
"定平行2P"）。

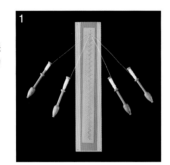

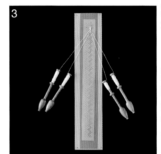

**2**

将右侧的2根棒槌做2次扭转
（T）。

**3**

编织平针"交叉（C）、扭
转（T）、交叉（C）"。将左
侧的1对棒槌作为走线（p.25
技法示意图的"1编织起
点"）。

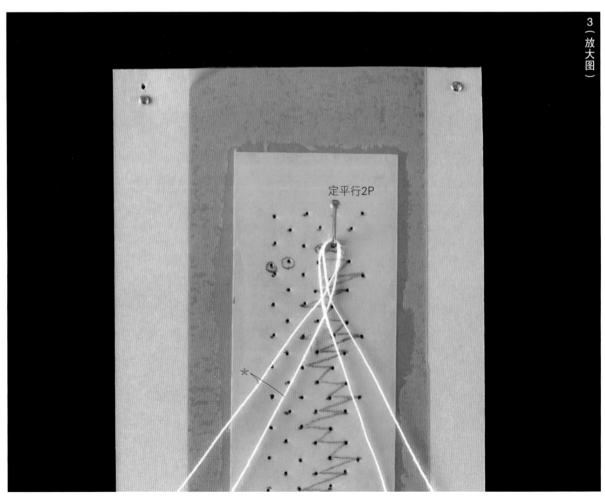

3（放大图）

定平行2P

*

**4**

在左边插入1枚辅助针，按常规挂法挂上2对棒槌（标记为"辅2P"）。

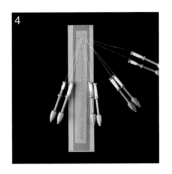

**5**

将右端的1对棒槌挪到一边，用走线和步骤4中挂上的2对棒槌编织平针（p.25技法示意图中的数字2、3）。

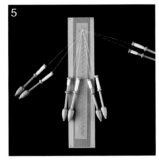

辅2P

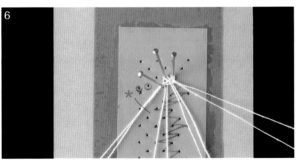

**6**

将走线做2次扭转（T），插入大头针。

**7**

按数字顺序编织平针（C、T、C）（p.25技法示意图中的数字4、5、6），编织至右端后将走线做2次扭转（T），插入大头针。

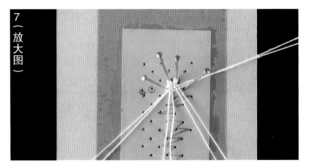

（放大图）

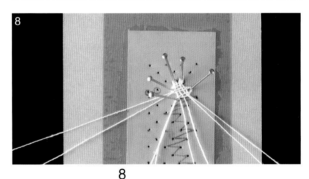

**8**

继续编织平针（C、T、C）（p.25技法示意图中的数字7、8），将走线做2次扭转（T）后插入大头针。

**9**

按相同方法继续编织平针（C、T、C）（p.25技法示意图中的数字9、10），做2次扭转（T）后插入大头针，再编织平针（C、T、C）（p.25技法示意图中的数字11、12）。至此，暂停饰边的编织。

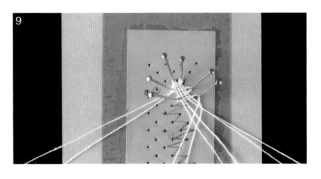

## 10

将右侧的4对8根棒槌挪到一边暂停编织。重新插入2枚借位针，分别挂上1对棒槌（借位针是临时借用已经戳好的针孔插入大头针）。

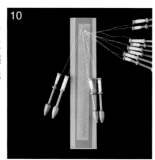

### 12

插入大头针，编织半针（C、T）（p.25技法示意图中的数字14）。

### 13

拔出2枚借位针。

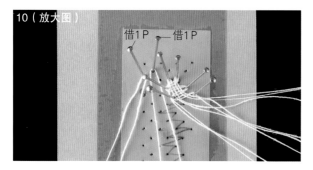

10（放大图）

借1P　　借1P

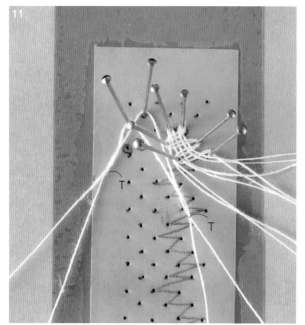

### 14

在左侧相邻位置插入1枚辅助针，按常规挂法挂上2对棒槌，用来编织缝纫边部分。

## 11

编织半针（C、T）（p.25技法示意图中的数字13），增加1次扭转（T）准备制作网眼部分。这一步叫作"加扭的半针（Twisted half stitch）"。

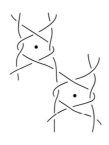

14（放大图）

辅2P

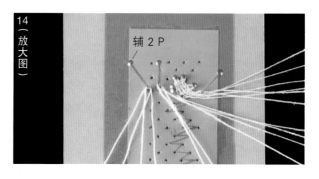

## 15

用刚才编织半针后的1对棒槌与步骤14中挂上的2对棒槌编织全针（C、T、C、T）（p.25技法示意图中的数字15、16）。将外侧的1对棒槌增加1次扭转（T）（一共扭转2次），在2对棒槌线的内侧插入大头针。

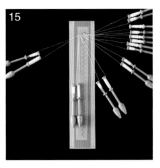

15（放大图）

## 16

将左侧的1对棒槌挪到一边暂停编织，用接下来的2对棒槌编织全针（C、T、C、T）（p.25技法示意图中的数字17）。

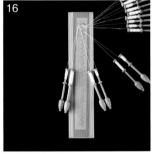

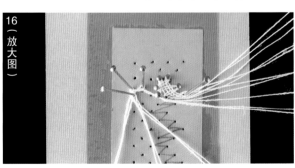

16（放大图）

## 17

步骤10中暂停编织的饰边的4对8根棒槌取左侧的1对2根棒槌（p.25技法示意图中的数字4）做1次扭转（T）。用这对棒槌和步骤16中暂停编织的1对棒槌（p.25技法示意图中的数字14）按步骤11和12的要领编织加扭的半针（p.25技法示意图中的数字18、19）。

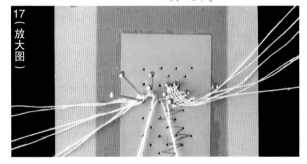

17（放大图）

## 18

用从缝纫边过来的1对棒槌和网眼部分的1对棒槌编织加扭的半针（p.25技法示意图中的数字20、21）。接着用网眼部分的1对棒槌和外侧的2对棒槌编织全针（C、T、C、T）（p.25技法示意图中的数字22、23），插入大头针，制作缝纫边（p.25技法示意图中的数字24）。

18（放大图）

## 19

用暂停编织的饰边的走线继续编织平针。将网眼部分的1对棒槌移过来编织平针（C、T、C）（p.25技法示意图中的数字25），将走线做2次扭转后插入大头针。按数字26、27、28的顺序继续编织平针（C、T、C）。

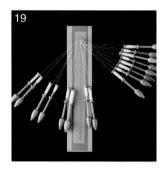

接着按p.25技法示意图中的数字顺序继续编织。

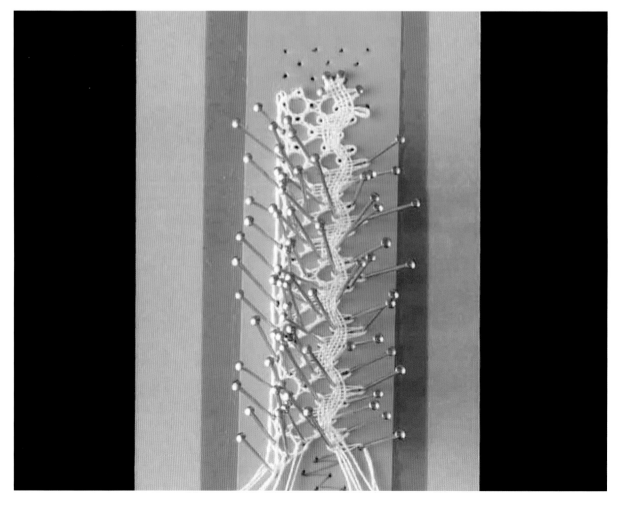

# 蕾丝的移动方法

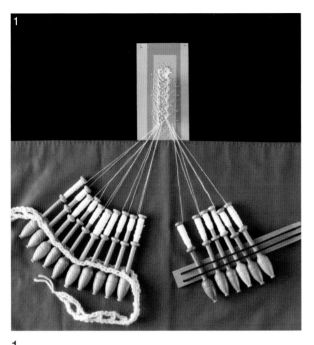

**1**

编织至图案底部后，穿入棒槌夹固定棒槌（棒槌夹的制作方法请参照p.95）。尽量避免在半针的位置移动蕾丝，以免弄乱花样。请在方便操作的位置暂停编织。

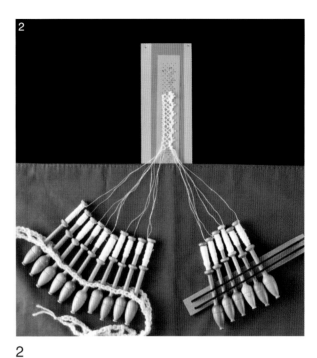

**2**

将插在蕾丝上的大头针全部取下。因为蕾丝编织得非常细密，所以不用担心变形。连同下面的垫布一起移动。

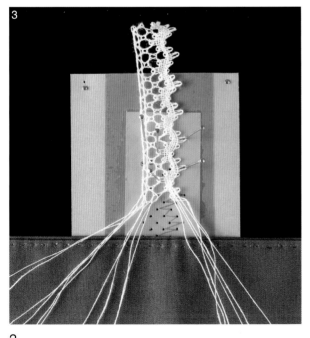

**3**

移动后，使蕾丝与下方的纸型重叠2个花样左右，在明显的关键位置插入大头针固定。

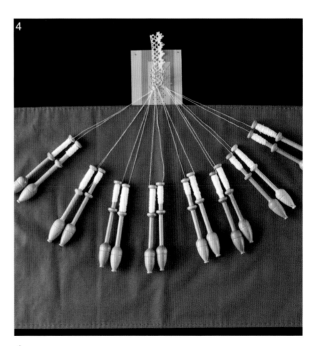

**4**

再在这2个花样上插满大头针，进一步固定。

2

## 2

☼材料和工具

用线 = Bockens麻线 60/2

棒槌 = 8对

☼成品尺寸

蕾丝宽度 = 约1.7cm

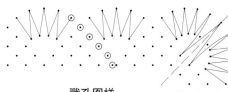

戳孔图样
（实物大小纸型）

技法示意图

借1P
（借用戳孔图样的
针孔插针挂线）

借1P
（拔出大头针
后的状态）

定平行2P

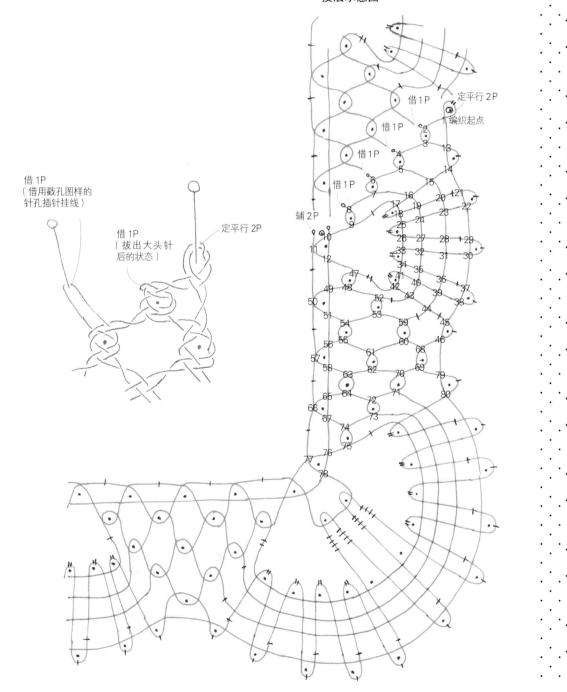

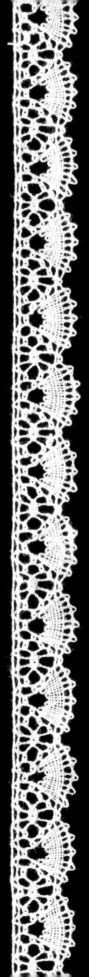

3

# 3

☼材料和工具

用线＝Bockens麻线60/2

棒槌＝9对

☼成品尺寸

蕾丝宽度＝约1.8cm

戳孔图样
（实物大小纸型）

技法示意图

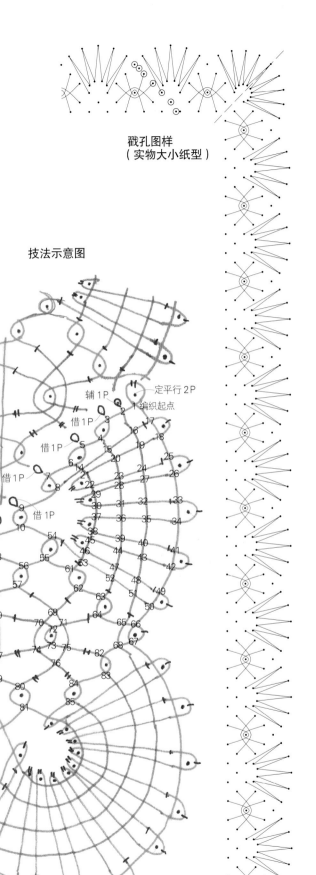

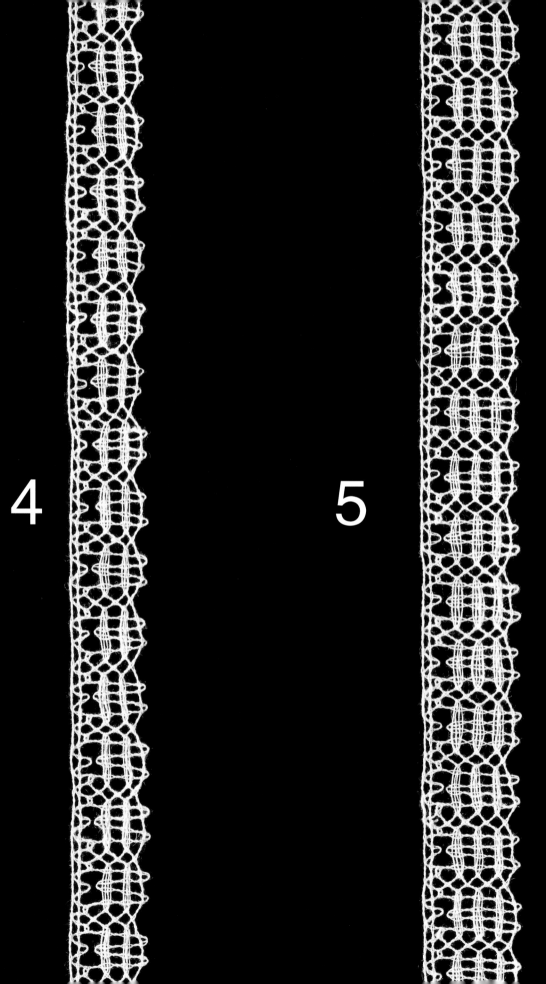

**4**

◇材料和工具

用线＝Bockens麻线 60/2

棒槌＝9对

◇成品尺寸

蕾丝宽度＝约1.9cm

◇

戳孔图样见p.82

**5**

◇材料和工具

用线＝Bockens麻线 60/2

棒槌＝11对

◇成品尺寸

蕾丝宽度＝约2.3cm

◇

戳孔图样见p.82

技法示意图

技法示意图

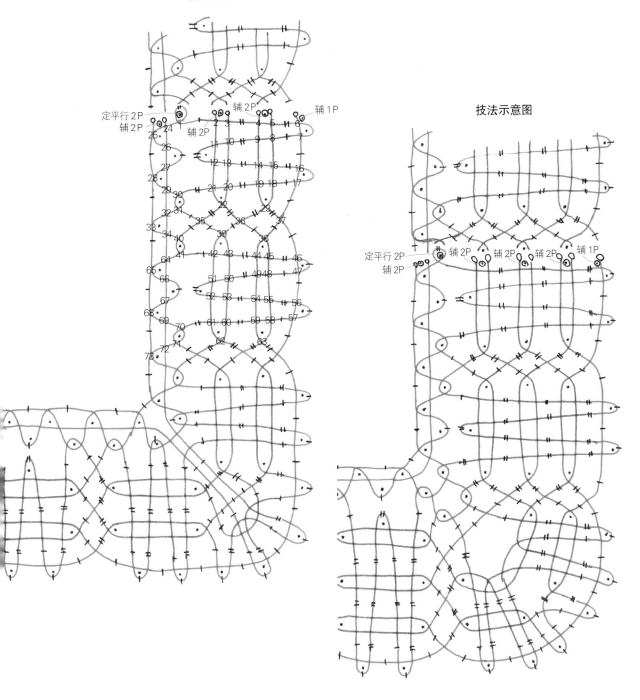

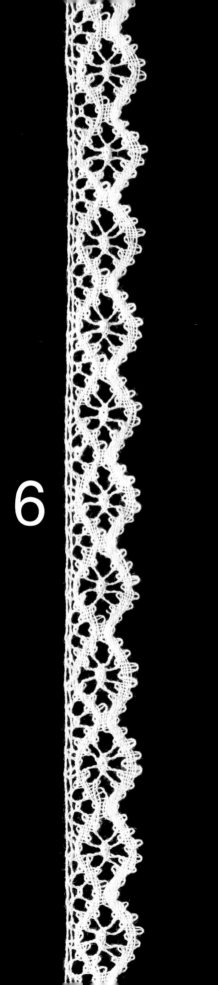

6

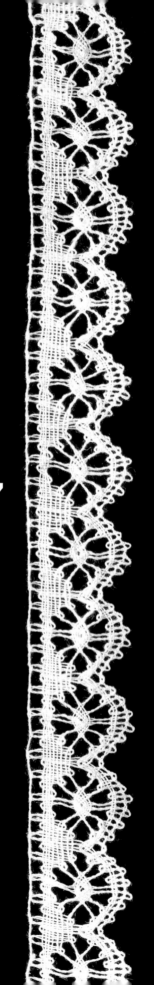

7

## 6

◌材料和工具
用线＝Bockens麻线 60/2
棒槌＝12对
◌成品尺寸
蕾丝宽度＝约2cm
◌
戳孔图样见p.83

## 7

◌材料和工具
用线＝Bockens麻线 60/2
棒槌＝11对
◌成品尺寸
蕾丝宽度＝约2.6cm
◌
技法示意图从中途开始省略扭转指示线。
戳孔图样见p.82

技法示意图

定平行 2P
辅 2P
定 2P
辅 2P
辅 2P
辅 2P

技法示意图

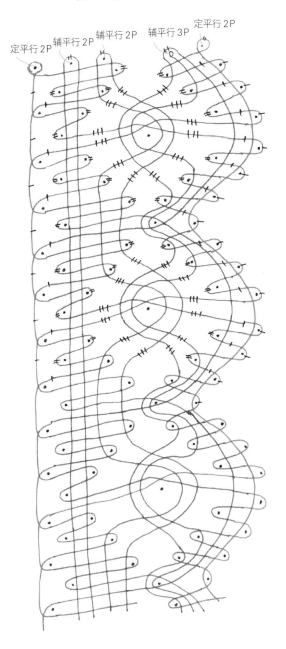

定平行 2P　辅平行 2P　辅平行 2P　辅平行 3P　定平行 2P

★ 扭转指示线一般只在特殊情况下才会标出。
按惯例扭转的位置不再标出。

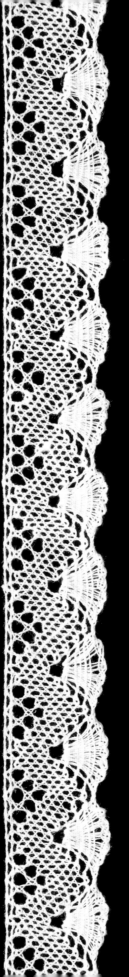

8

# 8

⊙材料和工具

用线＝Bockens麻线60/2

棒槌＝13对

⊙成品尺寸

蕾丝宽度＝约2.6cm

⊙

请从自己喜欢的位置开始编织。

戳孔图样
（实物大小纸型）

技法示意图

辅平行2P

定平行2P

辅1P

辅平行2P

辅平行2P

定平行2P

辅平行2P

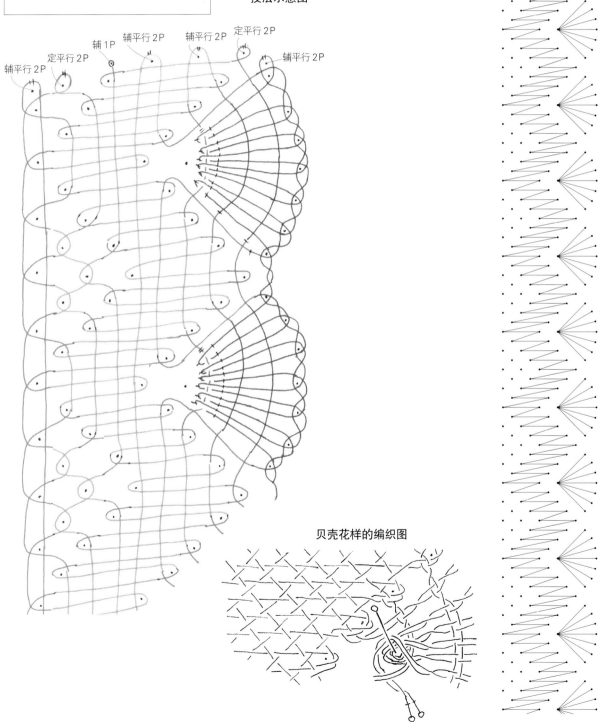

贝壳花样的编织图

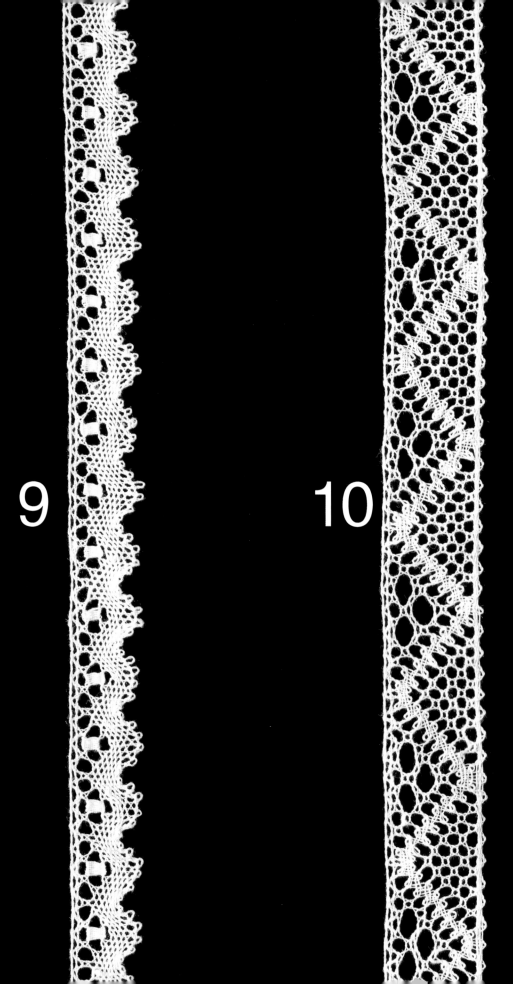

9

10

## 9

☼材料和工具
用线＝Bockens麻线 60/2
棒槌＝11对
☼成品尺寸
蕾丝宽度＝约1.8cm
☼
戳孔图样见p.83

**技法示意图**

辅平行2P　定平行2P　定平行2P　辅平行2P 辅平行2P

辅1P

**方块花样的编织图**

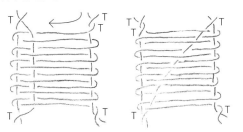

走线分别与边上的线做扭转（T）、再扭转（T），
与芯线做交叉（C）。

## 10

☼材料和工具
用线＝Bockens麻线 60/2
棒槌＝14对
☼成品尺寸
蕾丝宽度＝约2.6cm
☼
戳孔图样见p.83

**技法示意图**

辅平行2P　辅平行2P　定平行2P　定平行2P　定平行2P　定平行2P 辅平行2P

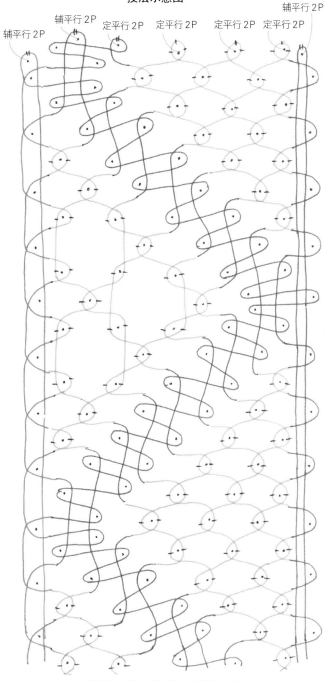

★ 按惯例扭转的位置没有标出指示线。

11

12

# 11

✿材料和工具

用线＝DMC棉线50/2

（相当于埃及棉线80/2）

棒槌＝17对

✿成品尺寸

蕾丝宽度＝约1.6cm

✿

在编织起点上方先编织3股辫和4股辫

（参照p.17），然后再开始编织。

戳孔图样见p.84

# 12

✿材料和工具

用线＝Bockens麻线60/2

棒槌＝13对

✿成品尺寸

蕾丝宽度＝约2.2cm

✿

戳孔图样见p.84

技法示意图

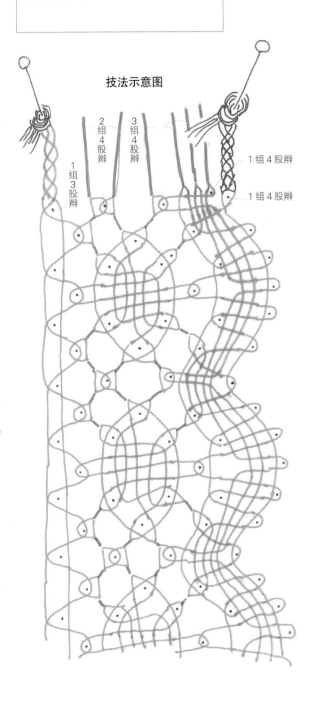

技法示意图

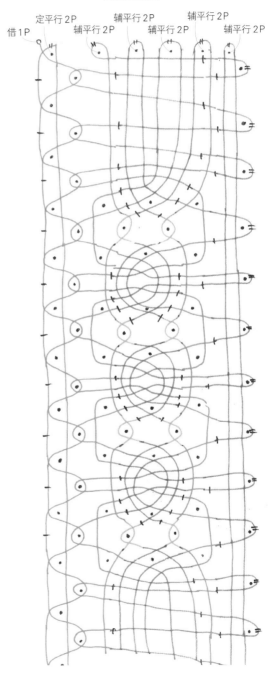

13

## 13

☼材料和工具

用线＝Bockens麻线 80/2

棒槌＝26对

☼成品尺寸

蕾丝宽度＝约3.8cm

### 技法示意图

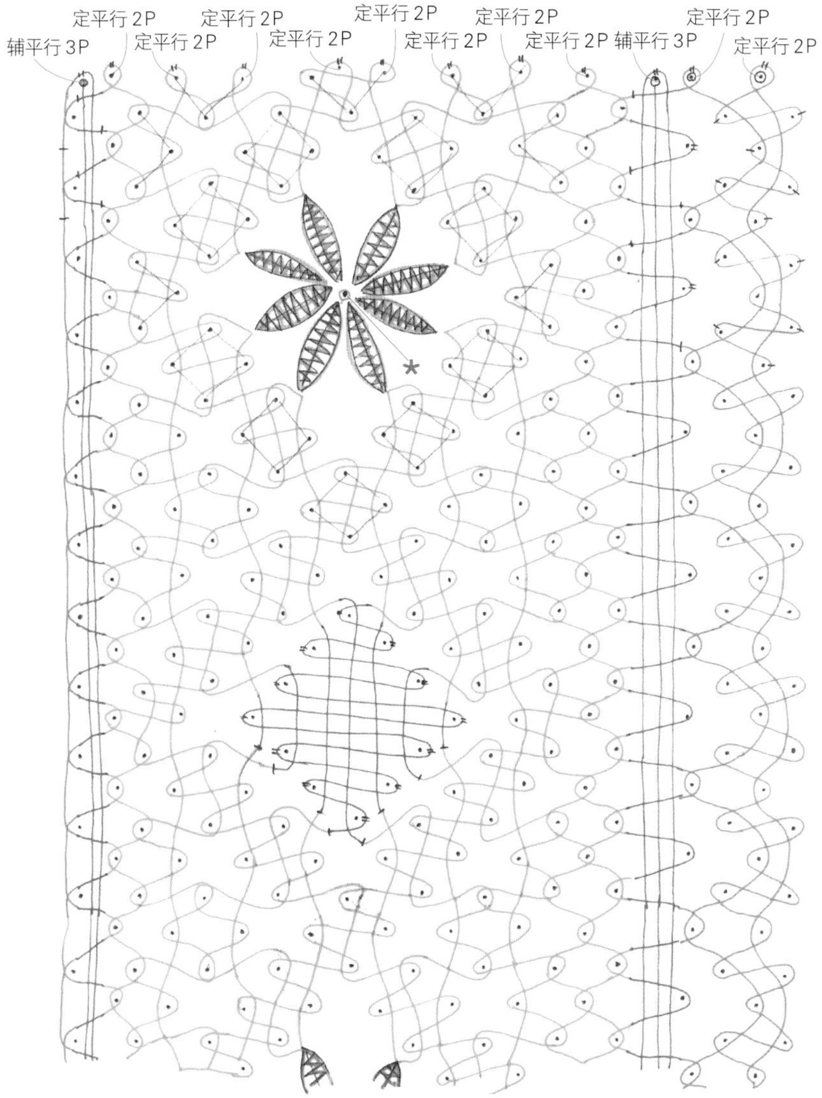
辅平行 3P
定平行 2P
定平行 2P
定平行 2P
定平行 2P
定平行 2P
定平行 2P
定平行 2P
定平行 2P
辅平行 3P
定平行 2P
定平行 2P
*

### 4组叶片的交错

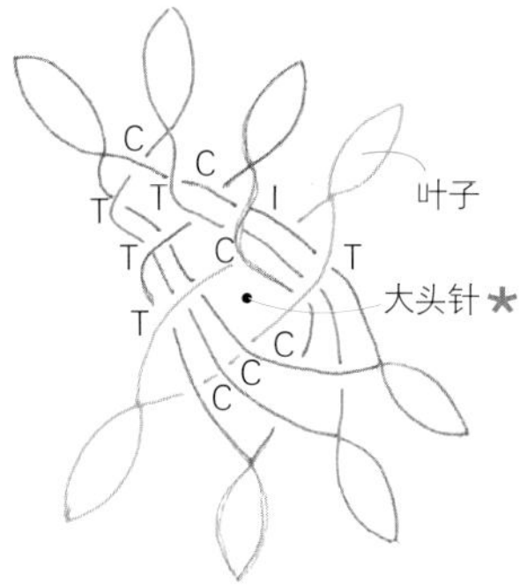
C
C
T
T
I
T
C
T
叶子
大头针*
T
C
C
C

### 叶子（Point d’esprit）

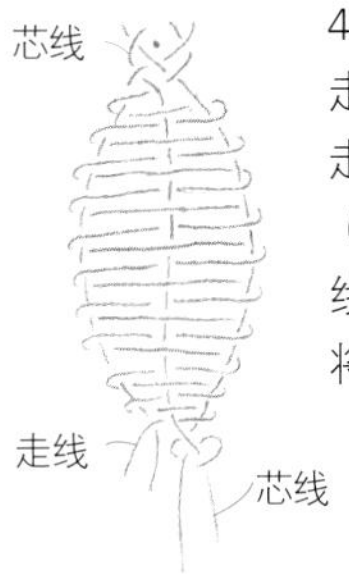
芯线
走线
芯线

4根线中，无论哪根线作为走线都可以。

走线分别与边上的线做扭转（T）、再扭转（T），与芯线做交叉（C）。

将走线之外的线打结固定。

### 戳孔图样
（实物大小纸型）

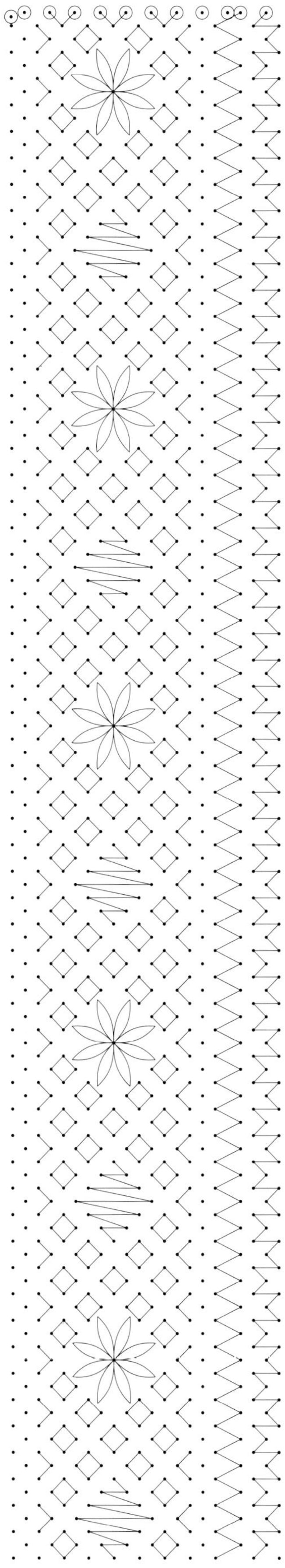

14

# 14

◌材料和工具

用线＝Bockens麻线60/2

棒槌＝11对

◌成品尺寸

蕾丝宽度＝约1.9cm

◌

技法示意图从中途开始省略扭转指示线。

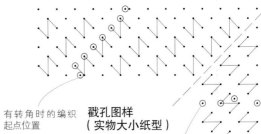

有转角时的编织
起点位置

**戳孔图样**
（实物大小纸型）

带状蕾丝的编
织起点位置

**编织起点和编织终点**

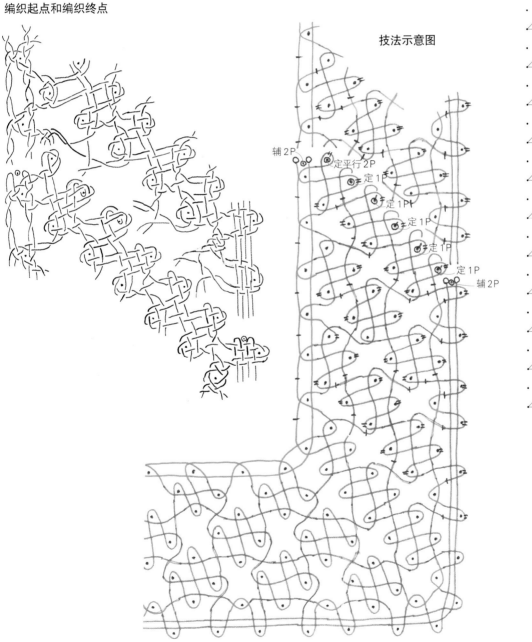

**技法示意图**

辅2P

定平行2P

定1P

定1P

定1P

定1P

定1P

辅2P

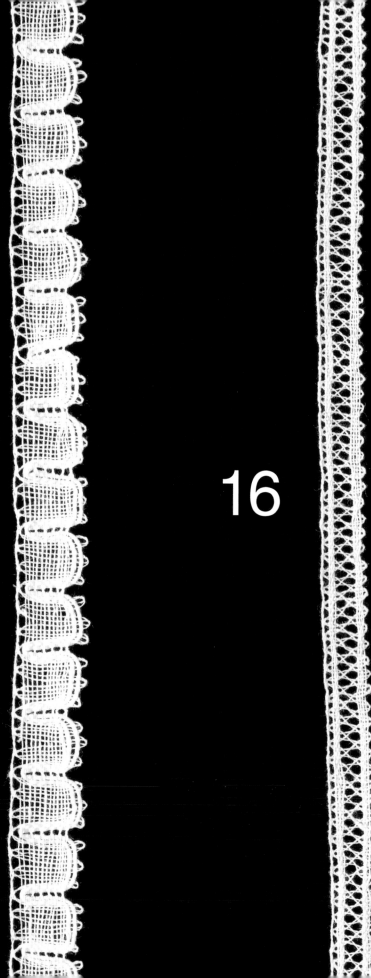

15  16

## 15

◇材料和工具
用线 = Bockens麻线 60/2
　　　25号刺绣线 6股（用作装饰线）
棒槌 = 8对+1对（用作装饰线）
◇成品尺寸
蕾丝宽度 = 约1.8cm
◇
因为戳孔图样中也画出了转角部分，
作品可以应用在各种物品上。
戳孔图样见p.84

## 16

◇材料和工具
用线 = Bockens麻线 60/2
棒槌 = 7对
◇成品尺寸
蕾丝宽度 = 约1.1cm
◇
戳孔图样见p.84

**技法示意图**

### 加入装饰线的方法

在U形转弯处编织"交叉（C）、扭转（T）、
扭转（T）、交叉（C）"，插入大头针。
注意大头针的位置。

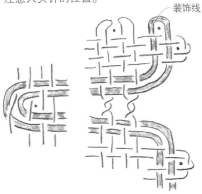

装饰线

**技法示意图**

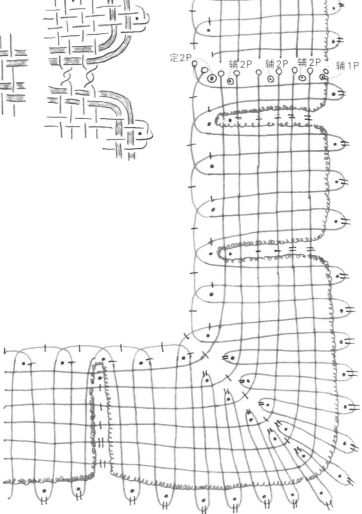

定2P　辅2P　辅2P　辅2P　辅1P

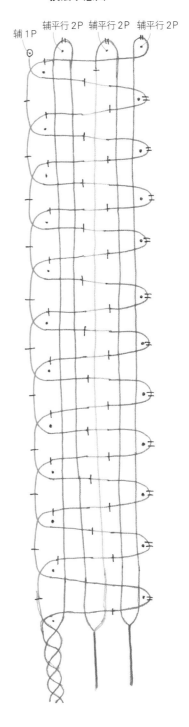

辅1P　辅平行2P　辅平行2P　辅平行2P

# 有转角的蕾丝

有转角的蕾丝与亚麻布或棉布搭配,
可以制作成优雅华丽的手帕。
另外,组合使用饰边朝外和朝内的蕾丝,还可以制作成美丽的戒枕。→ p.81

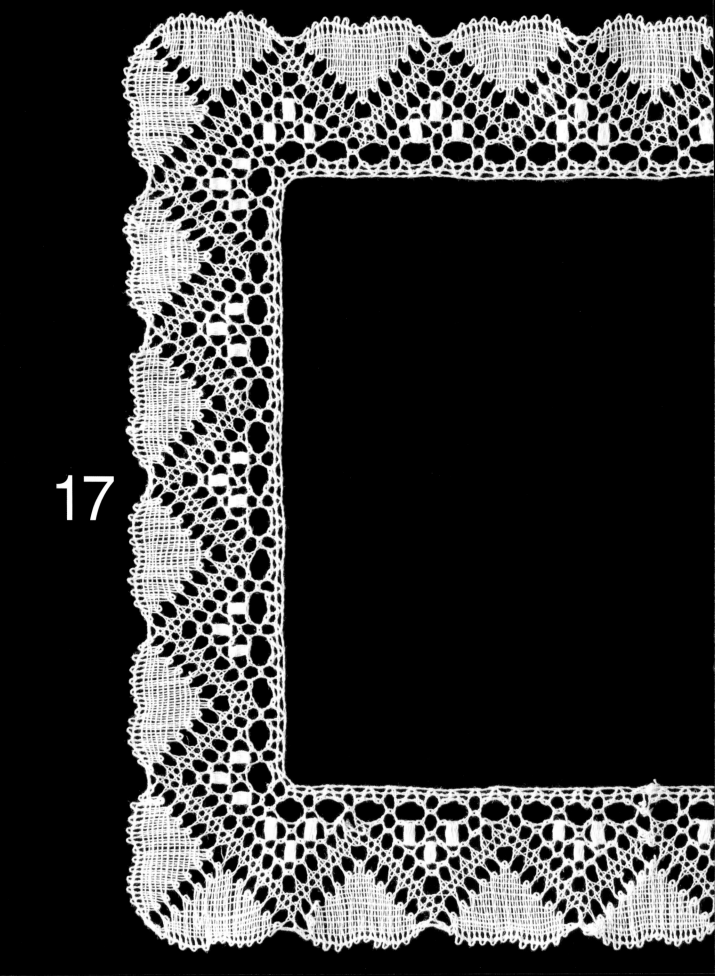
17

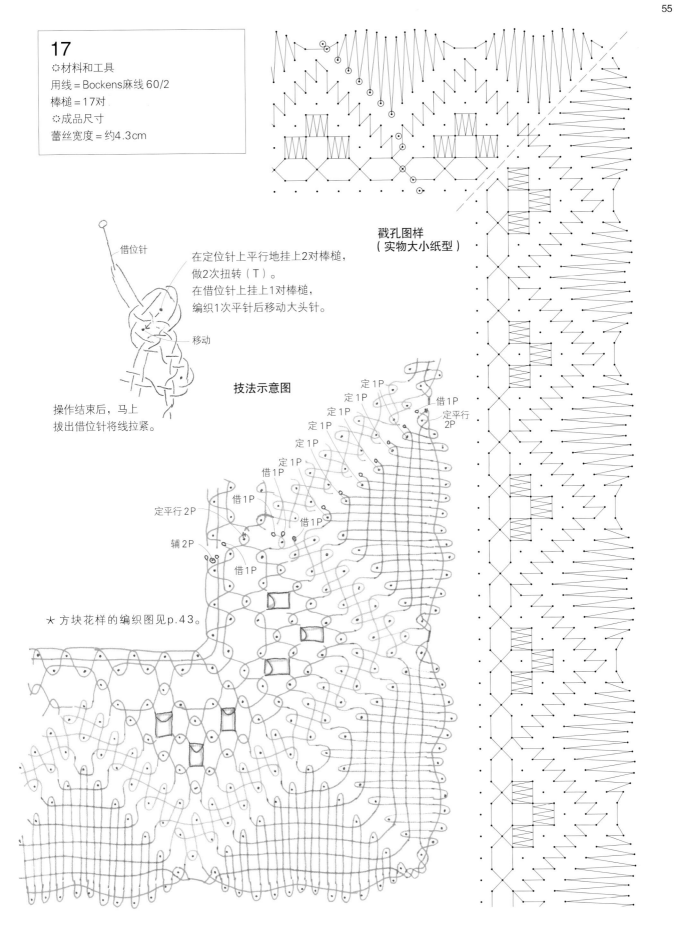

# 17

☉材料和工具

用线＝Bockens麻线60/2

棒槌＝17对

☉成品尺寸

蕾丝宽度＝约4.3cm

借位针

在定位针上平行地挂上2对棒槌，
做2次扭转（T）。
在借位针上挂上1对棒槌，
编织1次平针后移动大头针。

移动

操作结束后，马上
拔出借位针将线拉紧。

技法示意图

戳孔图样
（实物大小纸型）

定1P　定1P　借1P
定1P　　　定平行
定1P　　　　2P
定1P
借1P
定1P
定平行2P　　借1P
　　　借1P
辅2P
借1P

★ 方块花样的编织图见p.43。

18

# 18

⊙材料和工具

用线 = Bockens麻线 60/2

棒槌 = 24对

⊙成品尺寸

蕾丝宽度 = 约6.7cm

⊙

戳孔图样见p.85

技法示意图

19

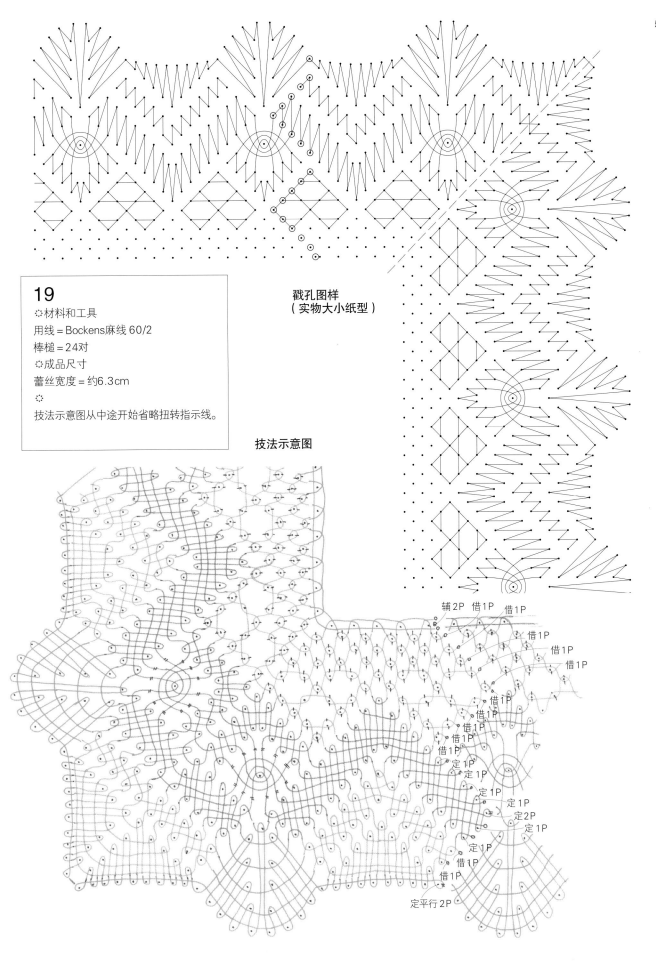

**19**

☼材料和工具

用线＝Bockens麻线 60/2

棒槌＝24对

☼成品尺寸

蕾丝宽度＝约6.3cm

☼

技法示意图从中途开始省略扭转指示线。

戳孔图样
（实物大小纸型）

技法示意图

辅2P 借1P
借1P
借1P
借1P
借1P
借1P
借1P
借1P
借1P
定1P
定1P
定1P
定2P
定1P
定1P
借1P
借1P
定平行2P

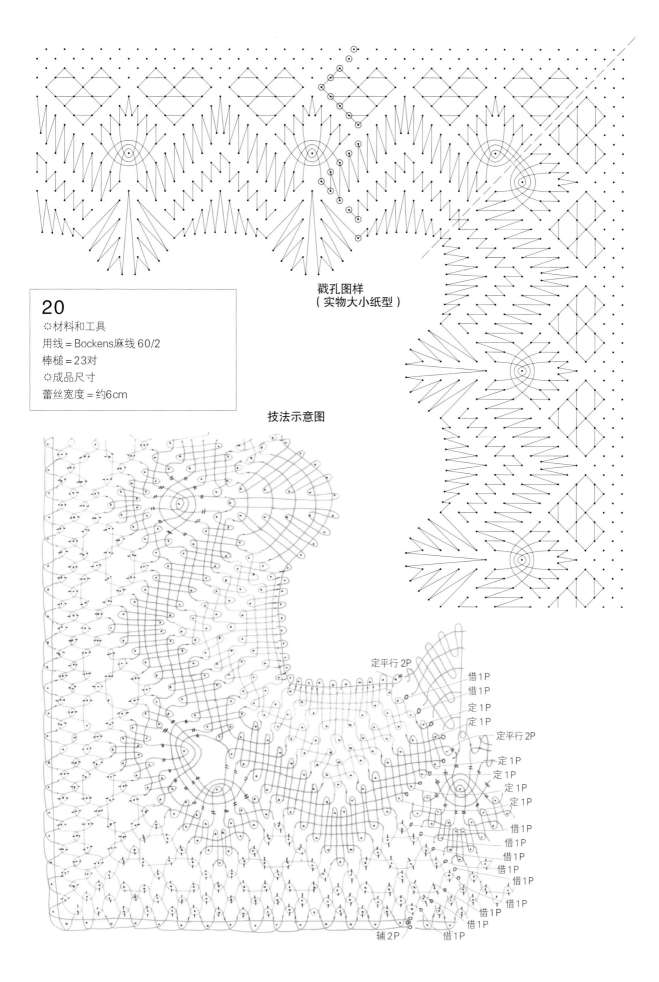

戳孔图样
（实物大小纸型）

# 20

❖材料和工具

用线＝Bockens麻线60/2

棒槌＝23对

❖成品尺寸

蕾丝宽度＝约6cm

技法示意图

定平行 2P

借1P

借1P

定1P

定1P

定平行 2P

定1P

定1P

定1P

定1P

借1P

借1P

借1P

借1P

借1P

借1P

借1P

辅2P

借1P

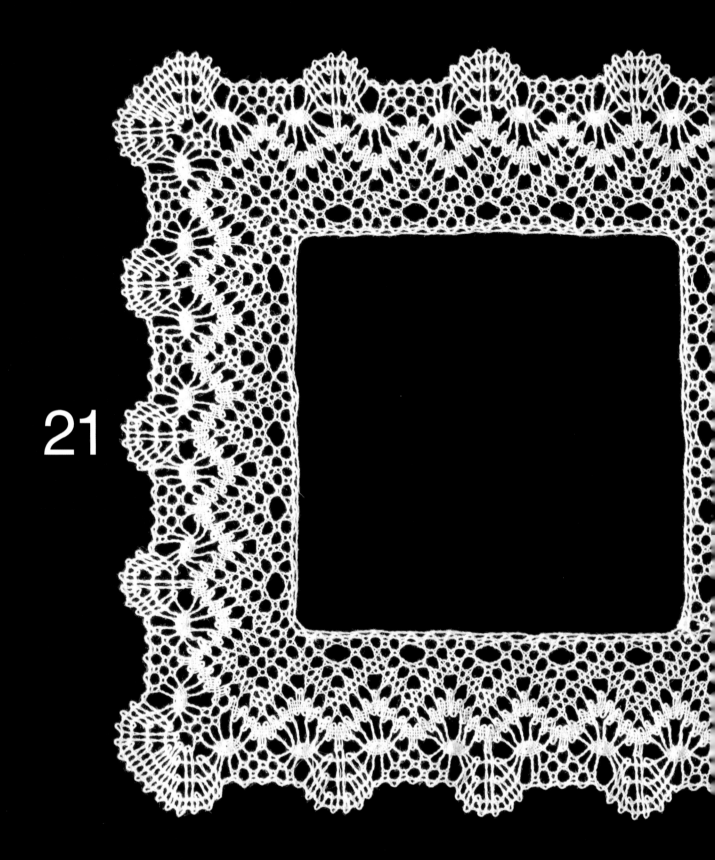

21

# 21

☼材料和工具

用线 = Bockens麻线 60/2

棒槌 = 19对

☼成品尺寸

蕾丝宽度 = 约4.7cm

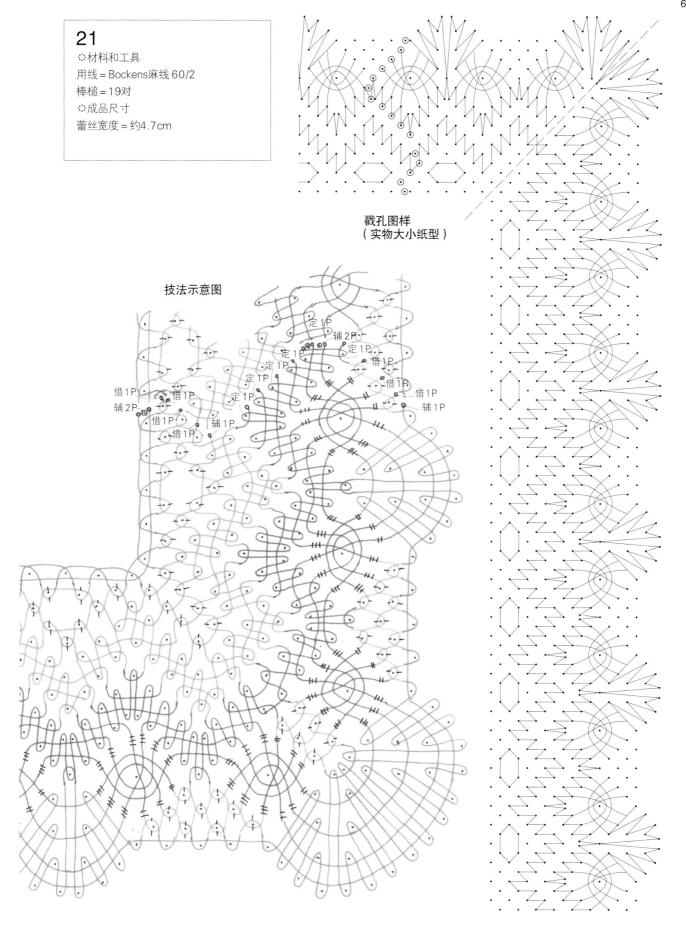

戳孔图样
（实物大小纸型）

技法示意图

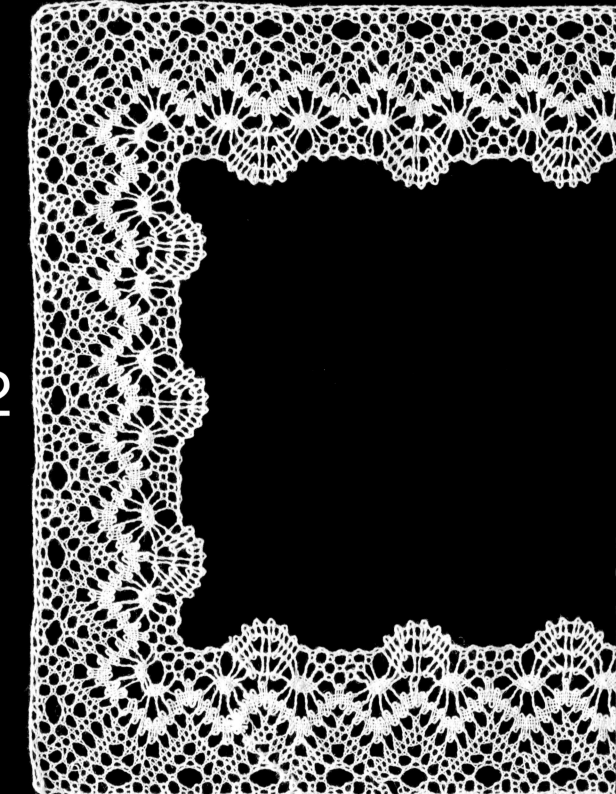

22

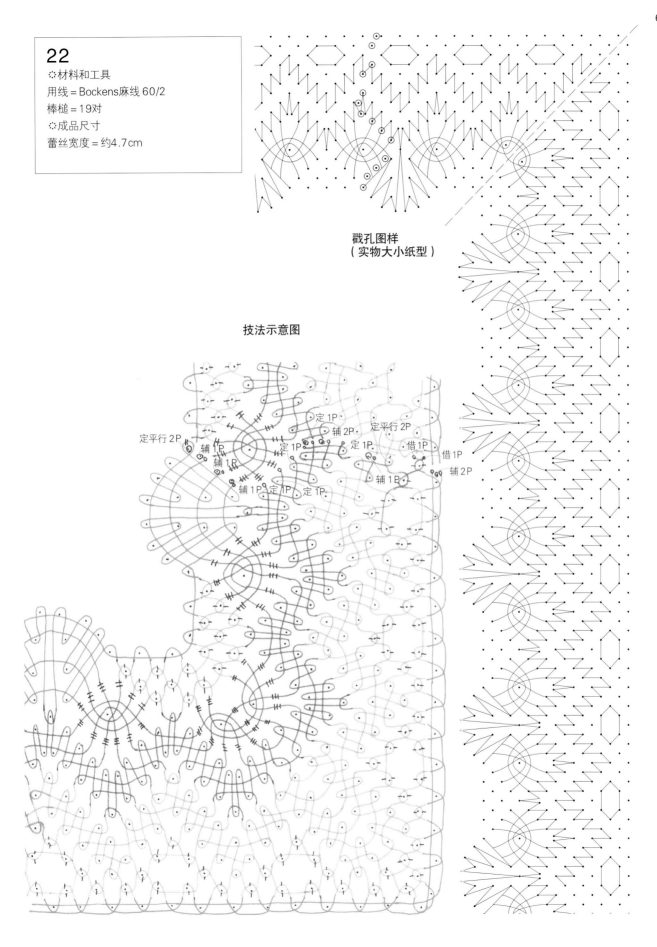

# 22

☼材料和工具

用线＝Bockens麻线 60/2

棒槌＝19对

☼成品尺寸

蕾丝宽度＝约4.7cm

戳孔图样
（实物大小纸型）

技法示意图

定平行2P　　　　　　　　　定 1P　　定平行2P

辅1P　　　辅2P

辅1P　　　　定1P　　借1P

辅1P　　　　　　　　　　借1P

辅1P　定1P　定1P　　　辅1P　辅2P

辅1P

23

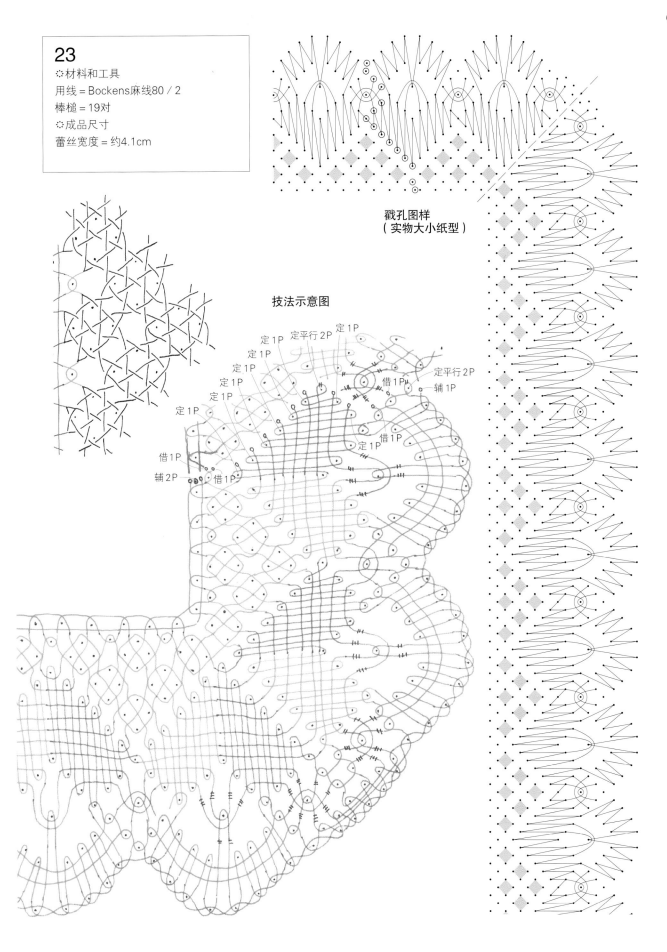

# 23

☼材料和工具
用线＝Bockens麻线80／2
棒槌＝19对
☼成品尺寸
蕾丝宽度＝约4.1cm

戳孔图样
（实物大小纸型）

技法示意图

定1P
定1P
定平行2P
定1P
定1P
定1P
定平行2P
定1P
辅1P
定1P
借1P
定1P
借1P
定1P
借1P
辅2P
借1P

24

## 24

☺材料和工具
用线＝Bockens麻线80／2
棒槌＝26对±2对
☺成品尺寸
蕾丝宽度＝约4.8cm
☺
戳孔图样见p.86

技法示意图

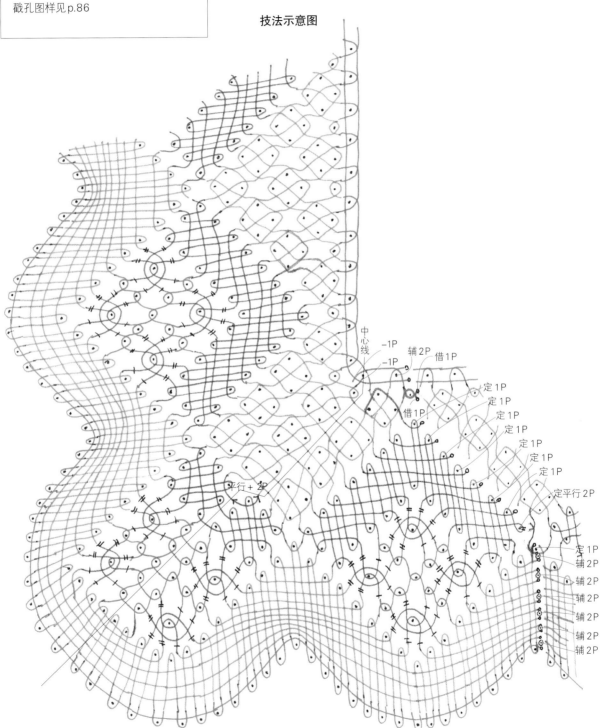

25

# 25

⟡材料和工具

用线 = Bockens麻线 60/2

棒槌 = 21对 ± 2对

⟡成品尺寸

蕾丝宽度 = 约4.3cm

⟡

戳孔图样见p.86

**技法示意图**

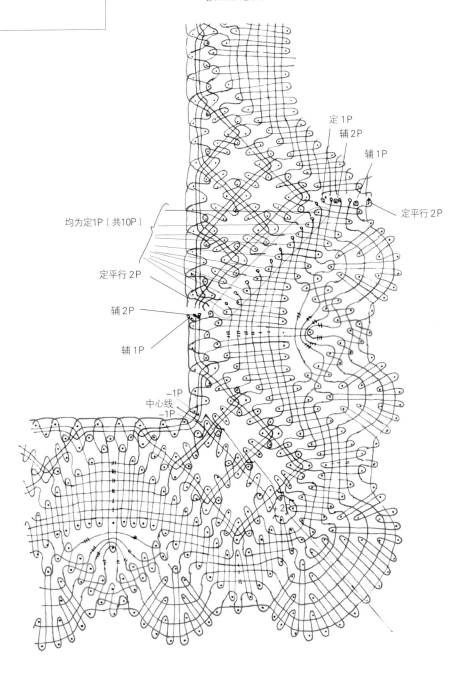

定1P
辅2P
辅1P
定平行2P

均为定1P（共10P）

定平行2P

辅2P

辅1P

−1P
中心线
−1P

2P

# 宽边蕾丝

宽边蕾丝的编织步骤繁多，难度也比较大。

除了麻线，还可以换成真丝等线材，可编织得长长的用作围巾。

另外，也可以用作桌旗等室内装饰品。→ p.81

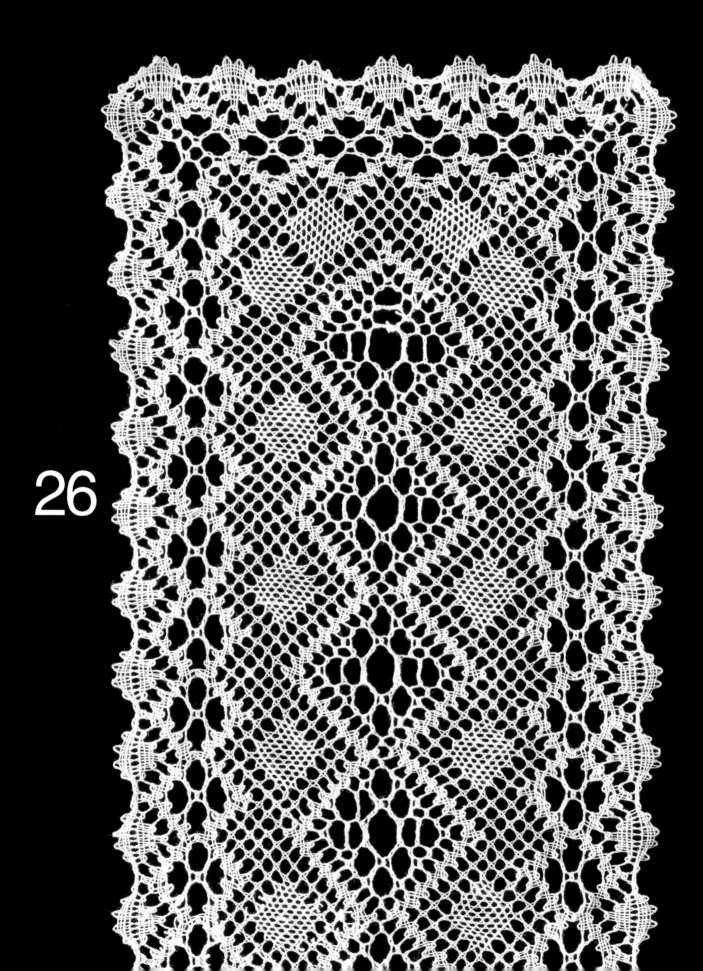

26

# 26

:⚙:材料和工具
用线＝Bockens麻线 60/2
棒槌＝30对
:⚙:成品尺寸
蕾丝宽度＝约18cm
:⚙:
可以选择真丝或涤纶等自己喜欢的线
材。需要注意的是，接线和线头处理
如果不结实就会散开。戳孔图样请按
自己的喜好缩小或放大。
戳孔图样见p.87

**用钩针做连接的方法**　　　　**钩针的使用方向**

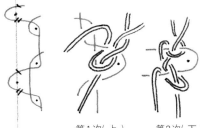 

第1次（上）　　第2次（下）

在戳孔图样中心线上的同心圆位置用钩针做连接。
前进编织时只做4次扭转（T），
往回编织时如图所示在插针状态下分别从线的上、下插入钩针
做连接。

**技法示意图**

定1P×6处　借1P×3处
定平行2P　　定1P×2处　借1P×11处　定1P×2处　借1P×3处

借1P

★3股辫和4股辫的编织方法见p.17。

★转角图案的错位处理是设计上的小巧思。

27

# 27

⊙材料和工具
用线＝Bockens麻线 60/2
棒槌＝26对
⊙成品尺寸
蕾丝宽度＝约17.8cm
⊙
戳孔图样见p.88

**技法示意图**

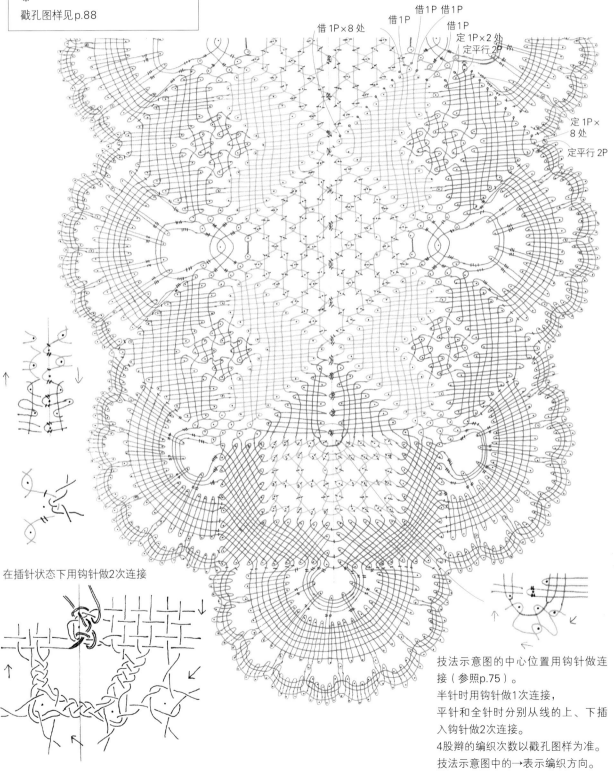

借1P×8处　借1P　借1P 借1P
借1P
定1P×2 处
定平行 2P

定1P×
8 处
定平行 2P

在插针状态下用钩针做2次连接

技法示意图的中心位置用钩针做连接（参照p.75）。
半针时用钩针做1次连接，
平针和全针时分别从线的上、下插入钩针做2次连接。
4股辫的编织次数以戳孔图样为准。
技法示意图中的→表示编织方向。

28

**仿4股辫的填充方法**

**技法示意图**

# 28

⊕材料和工具

用线＝Bockens麻线60/2，或者相同粗细的真丝线

棒槌＝7对

⊕成品尺寸

蕾丝宽度＝约19cm

⊕

叶片总数为奇数时，在1片叶子的反面编织4股辫回到起点。因为经过中心点，所以用钩针将其中1对棒槌的2根线在中心做好连接。

⊕

戳孔图样见p.90

辅2P 辅2P 辅2P
定1P

1 编织叶子并在中心插入大头针。

2 编织叶子并用钩针做连接。

3 编织4股辫并用钩针做连接。

4 编织叶子经过中心的大头针。

5 编织叶子并用钩针做连接。

6 编织4股辫并用钩针做连接。

7 编织叶子并用钩针在中心做连接。（用4根线中的内侧2根线）。

8 编织叶子并用钩针做连接。

9 编织4股辫并用钩针在起点处做连接。

1（用走线和边上的线）编织4股辫并用钩针做连接。

2 编织叶子（Point d'esprit）并在中心插入大头针。

3 编织叶子经过起点处的大头针。

4 编织4股辫并用钩针做连接。

5 编织叶子经过中心的大头针。

6 编织叶子并用钩针做连接。

7 编织4股辫并用钩针做连接。

8 编织叶子并用钩针在中心做连接。（用4根线中的内侧2根线）。

9 在叶子3的上面编织4股辫。并用钩针在起点处做连接。

★4股辫的编织方法见 p.17。
叶子的编织方法见p.47。
用钩针做连接的方法见p.75。

## 各种各样的棒槌

在比利时和法国等国家，

同时使用数百根棒槌编织蕾丝时，

往往用的是批量生产的棒槌。

而在英国、西班牙以及东欧等地，

流传着恋人或丈夫亲手制作棒槌赠送给爱人的习俗。

他们会在棒槌上加入对方或赠送者的姓名、纪念日等日期。

此外，在英国还有用动物骨头和象牙制作的棒槌。

在俄罗斯，也有直接用白桦树枝削出绕线部分制作的棒槌。

各种各样的棒槌就像工艺品一样，让人使用起来倍感珍惜。

# 应用作品的制作方法

## 带状蕾丝→ p.22、23

☼材料
☼黑色和米色的蕾丝
用线＝Bockens麻线 60/2

☼右边的蕾丝
用线＝Bockens麻线 60/2、25号刺绣线 粉色（6股）

## 用带状蕾丝制作转角的方法

如果觉得预先在蕾丝上编织出转角比较麻烦，
也可以根据手帕的尺寸用带状蕾丝制作好转角后再缝在上面。

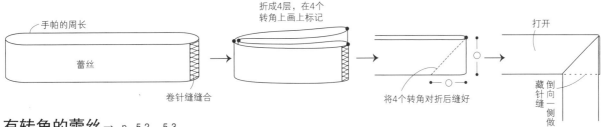

## 有转角的蕾丝→ p.52、53

☼材料
☼左（戒枕）
组合使用了21（p.62）和22（p.64）
的蕾丝，再穿入罗纹缎带制作而成。
用线请参照p.63、65。
亚麻布＝19cm×19cm，2片
罗纹缎带＝宽0.6cm，长90cm
的白色缎带、长28cm的白色和
蓝色缎带
填充棉＝适量
☼中
用线请参照p.55，蕾丝的缝合方法
请参照p.94。
亚麻布＝20cm×28cm
☼右
用线请参照p.57，蕾丝的缝合方法
请参照p.94。
亚麻布＝20cm×20cm

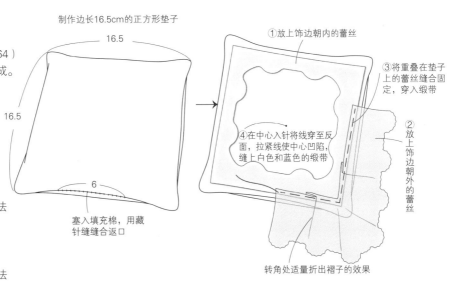

## 宽边蕾丝→ p.72、73

☼材料见p.75、77、79
蕾丝的长度：
上＝约111cm
中＝114cm
下＝122cm

★ 制作图中凡是没有单位的数
字均以厘米（cm）为单位。

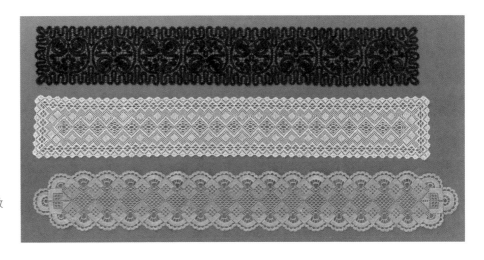

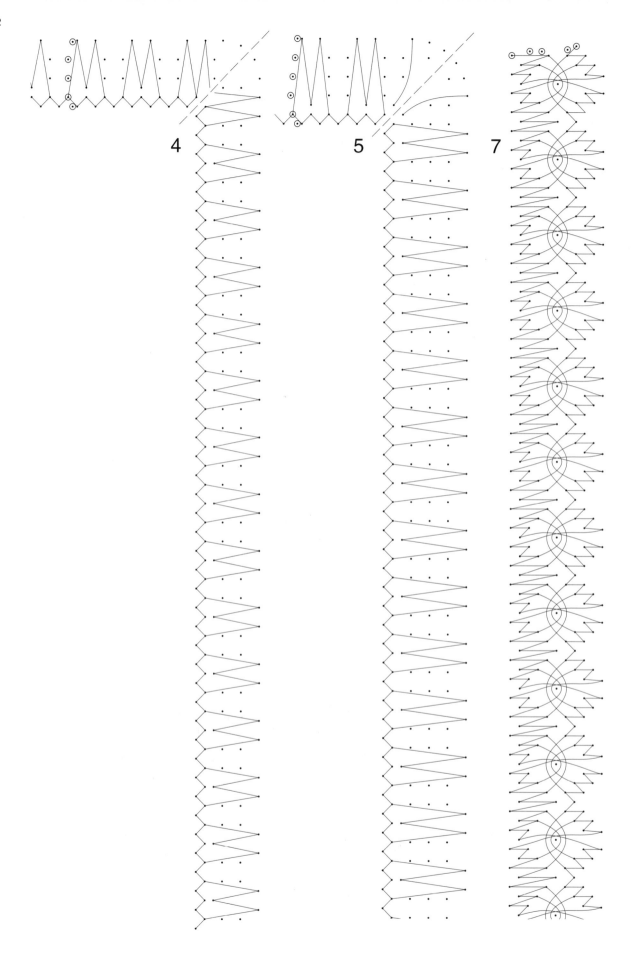

4

5

7

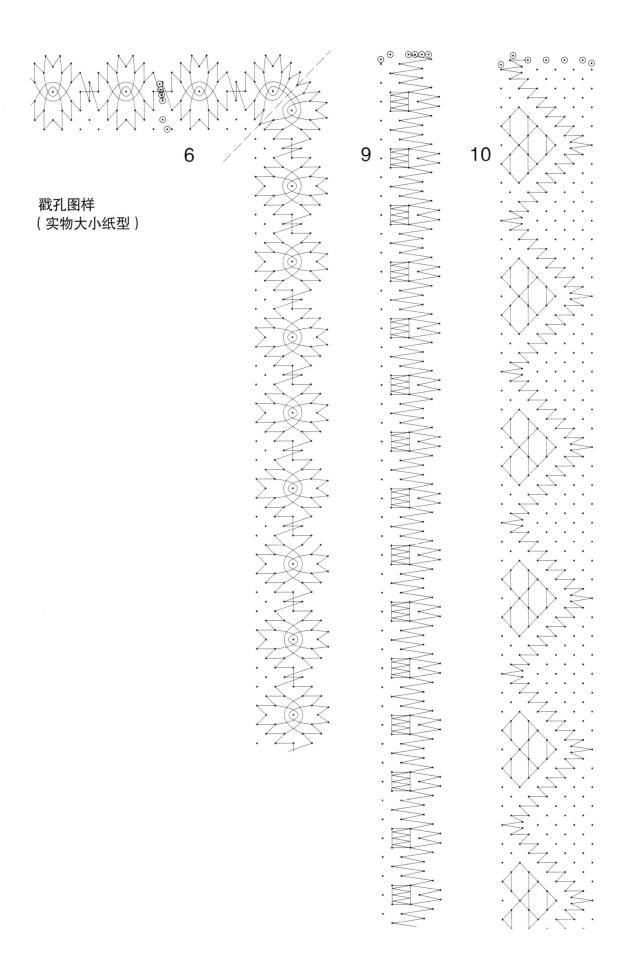

戳孔图样
（实物大小纸型）

6

9

10

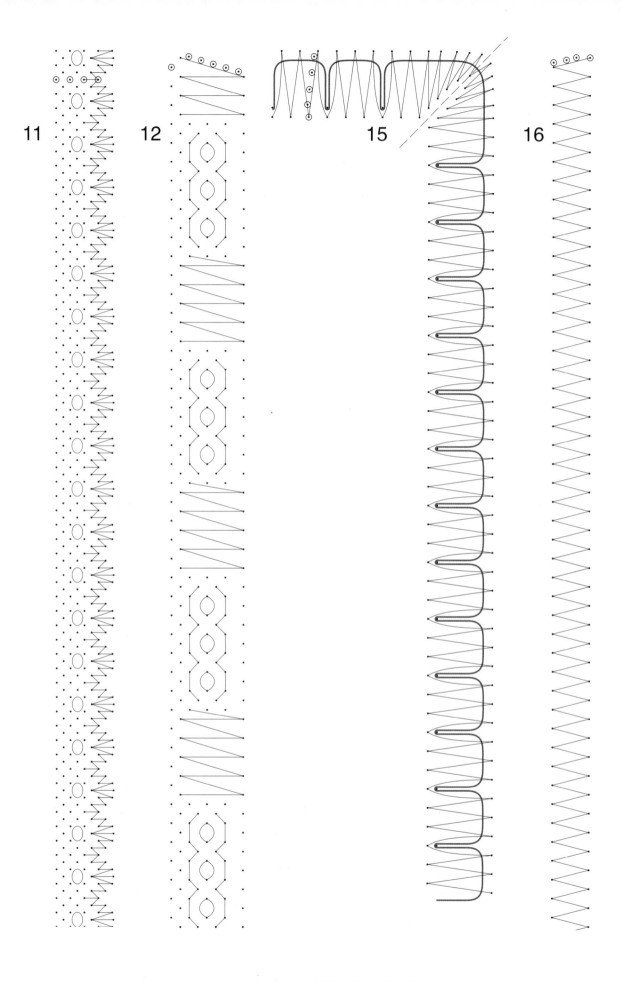

11

12

15

16

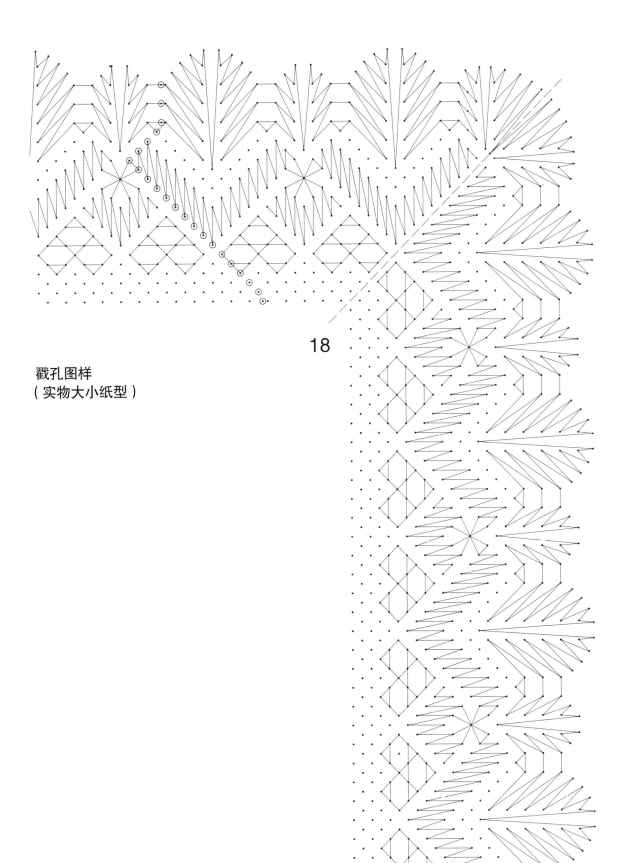

18

戳孔图样
（实物大小纸型）

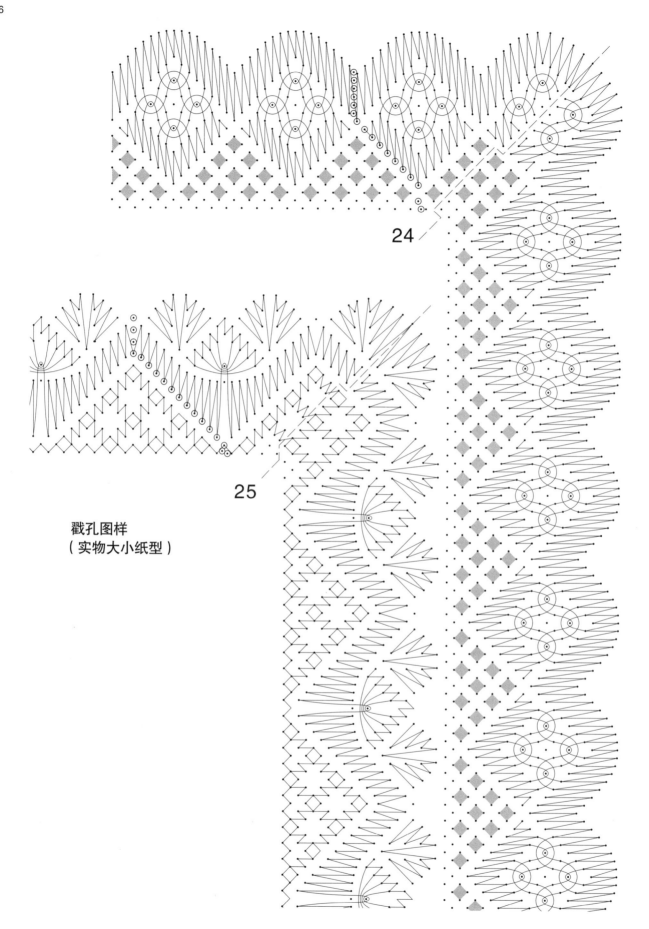

24

25

戳孔图样
（实物大小纸型）

戳孔图样
（请将图案放大至125%后使用）

26

戳孔图样
（请将图案放大至125%后使用）

## 27-1

★ 将相同标记处重叠在一起。

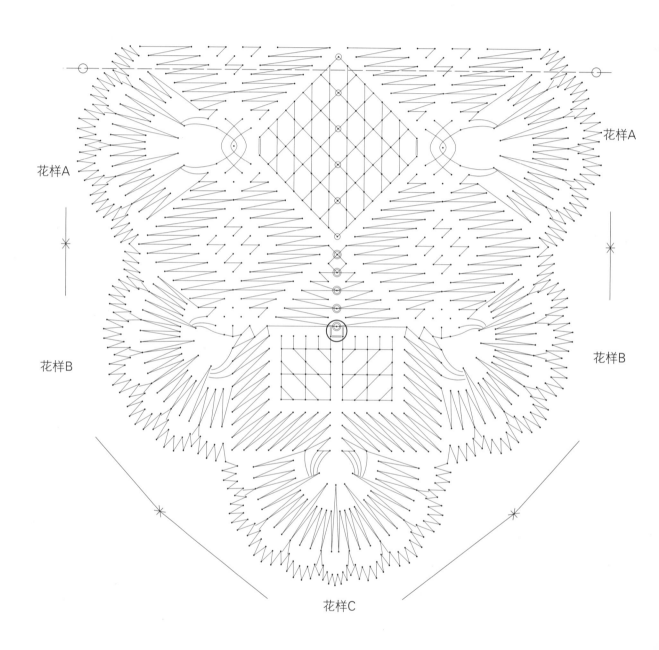

花样A

花样A

花样B

花样B

花样C

戳孔图样
（请将图案放大至125%后使用）

## 27-2

花样A

花样A

花样A

花样A

花样A

花样A

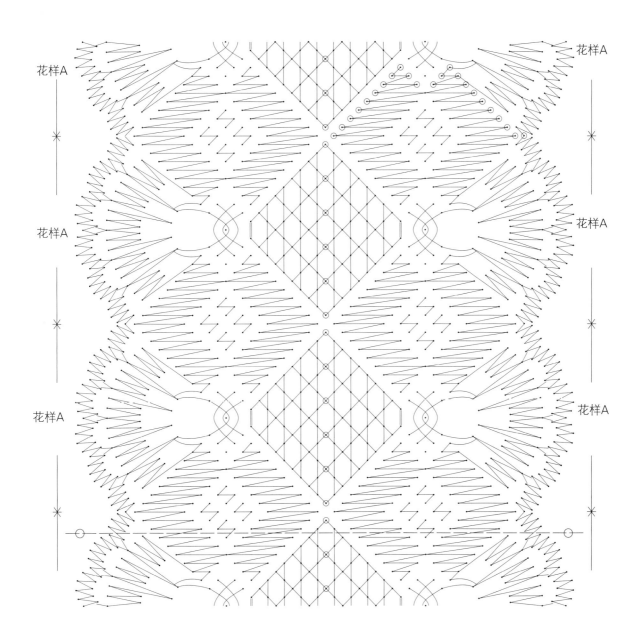

★ 将相同标记处重叠在一起。

戳孔图样
（请将图案放大至125%后使用）

28-1

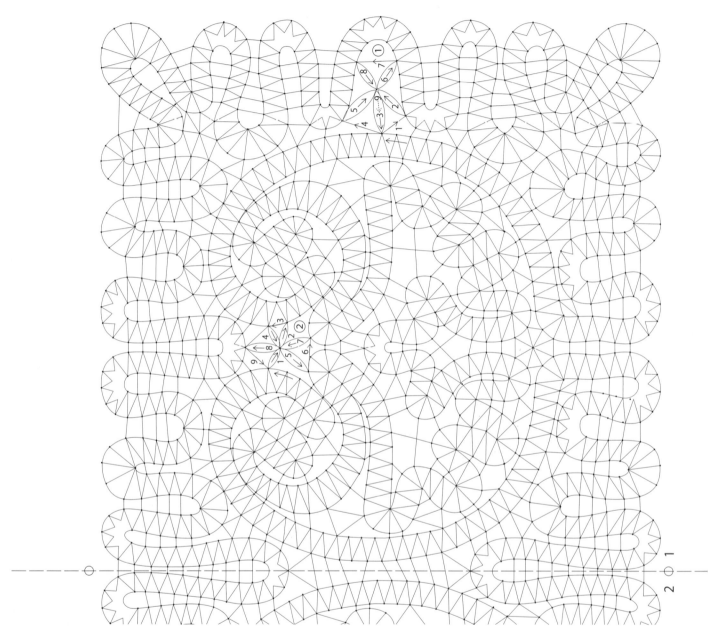

★ 将相同标记处重叠在一起。

戳孔图样
（请将图案放大至125%后使用）

# 28-2

★ 将相同标记处重叠在一起。

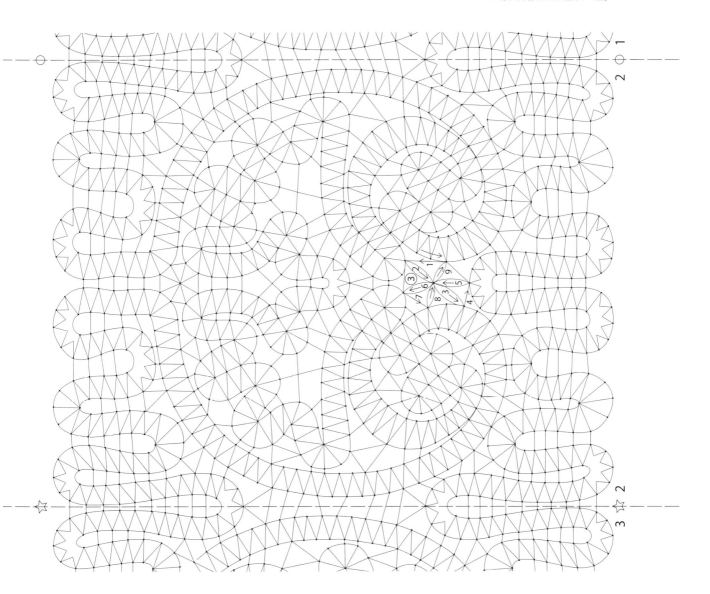

## 28-3

★ 将相同标记处重叠在一起。

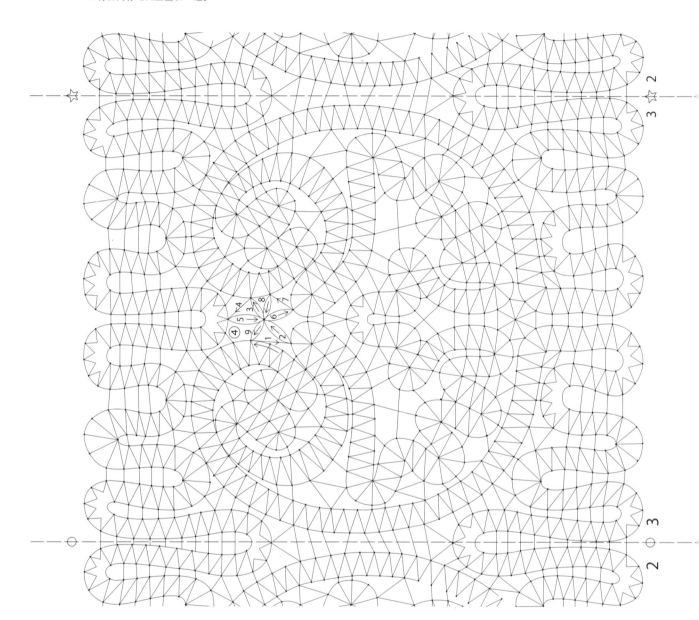

# 接线的方法

连接用剩的线时，使用这种"接绳结"（也叫"织布结"），线结紧实不易松散。

1 将b线交叉在a线上。

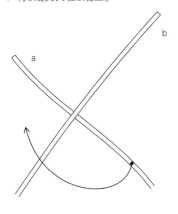

2 用左手的手指捏住交叉部位，将a线绕一圈，从2条线中间穿过。

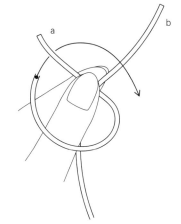

3 不要松开手指，将b的线头穿入a的线环中。

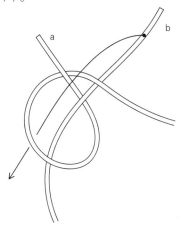

4 穿入线环后的状态。

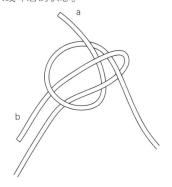

5 捏住b的2根线，拉紧a线。

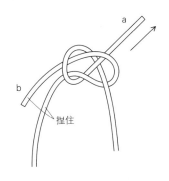

捏住

6 接绳结完成。

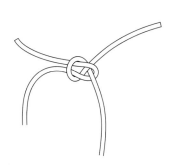

编织蕾丝的过程中线用完时，可以使用下面这种打结方法。

1 如图所示穿绕要连接的新线。

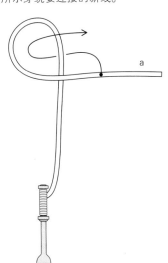

2 再次将a的线头穿入线环中，将待连接的b线穿入右边的线环中。将待连接的线和新线一起捏住，用力向上拉紧a线。

✿线太短时，可以做逆向交叉用镊子夹住线头，操作起来更加简单方便。

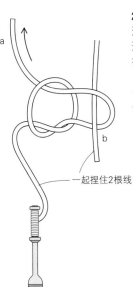

一起捏住2根线

# 布料的镶边方法

主要使用亚麻布。根据蕾丝的内边的尺寸，准备的布料需在周围加上3cm左右。
布料要先过一下水，晾干后熨烫平整后再使用。

## 用抽纱锁边绣进行缝合的方法

这种方法可以将布料缝在编织成正方形或长方形的蕾丝上。锁边绣完成后，再将
布的边缘折成2层缝好。

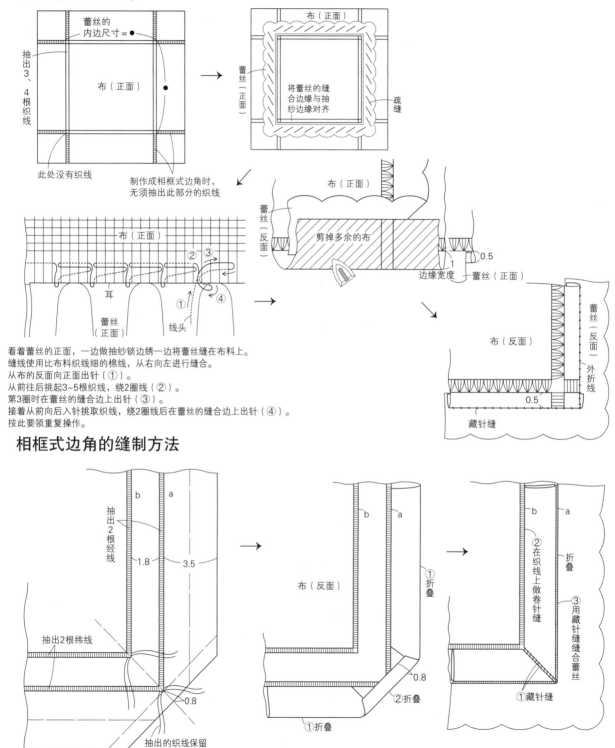

看着蕾丝的正面，一边做抽纱锁边绣一边将蕾丝缝在布料上。
缝线使用比布料织线细的棉线，从右向左进行缝合。
从布的反面向正面出针（①）。
从前往后挑起3~5根织线，绕2圈线（②）。
第3圈时在蕾丝的缝合边上出针（③）。
接着从前向后入针挑取织线，绕2圈线后在蕾丝的缝合边上出针（④）。
按此要领重复操作。

## 相框式边角的缝制方法

# 垫子（底座）的制作方法

☼材料

泡沫板 = 45cm×45cm×3cm、45cm×11cm×3cm 各1块

胶合板 = 45cm×45cm×（1~1.5）cm、45cm×11cm×（1~1.5）cm 各1块

外罩用布 = 51cm×100cm、51cm×32cm 各1块

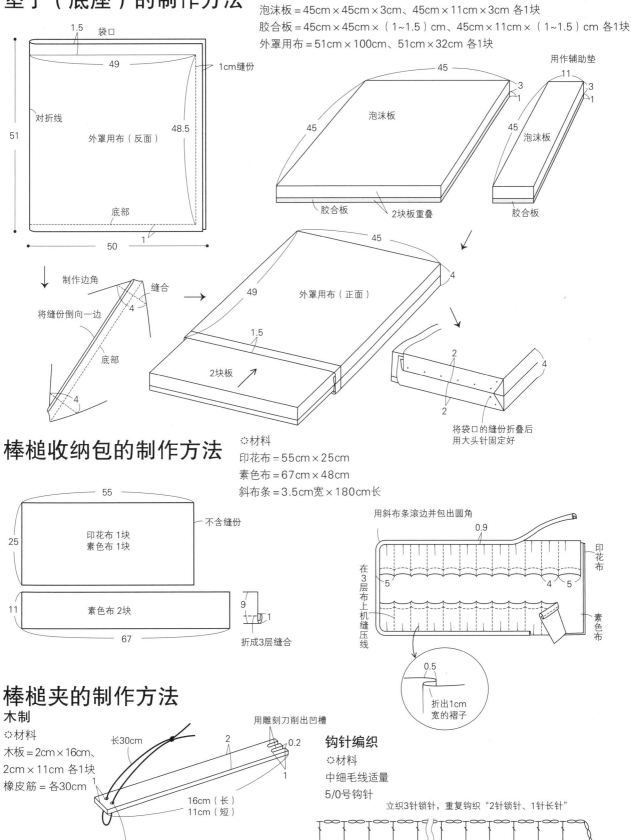

1.5 袋口
49
1cm缝份
对折线
51
外罩用布（反面）
48.5
底部
50 1

制作边角
缝合
将缝份倒向一边
4
底部
4

45
泡沫板
45
胶合板
2块板重叠

用作辅助垫
11
3
1
45
泡沫板
胶合板

45
49
外罩用布（正面）
1.5
2块板
4

2
2
4
将袋口的缝份折叠后
用大头针固定好

# 棒槌收纳包的制作方法

☼材料

印花布 = 55cm×25cm

素色布 = 67cm×48cm

斜布条 = 3.5cm宽×180cm长

55
不含缝份
印花布 1块
素色布 1块
25

11
素色布 2块
67
9
1
折成3层缝合

用斜布条滚边并包出圆角
0.9
在3层布上机缝压线
5
4 5
印花布
素色布

0.5
折出1cm宽的褶子

# 棒槌夹的制作方法

## 木制

☼材料

木板 = 2cm×16cm、2cm×11cm 各1块

橡皮筋 = 各30cm

长30cm
用雕刻刀削出凹槽
2
0.2
1
16cm（长）
11cm（短）
在一端开孔并穿入橡皮筋

## 钩针编织

☼材料

中细毛线适量

5/0号钩针

立织3针锁针，重复钩织"2针锁针、1针长针"

钩67针锁针起针

备案号：豫著许可备字-2020-A-0165

## 图书在版编目（CIP）数据

从基础到应用：棒槌蕾丝编织入门教程 /（日）志村富美子著； 蒋幼幼译. —郑州：河南科学技术出版社，2021.4

ISBN 978-7-5725-0350-4

Ⅰ.①从… Ⅱ.①志… ②蒋… Ⅲ.①手工编织—教材 Ⅳ.①TS935.5

中国版本图书馆CIP数据核字（2021）第039693号

志村富美子
Fumiko Shimura

1973~1988年，担任山上老师（R Yamagami）布花教室的助手。
1980年开始学习棒槌蕾丝。
1985年开始每年参加比利时的夏季讲会，同时在欧洲各地游学。
1990年，在家中开办了棒槌蕾丝教室现在，除了担任朝日文化中心湘南教和横滨宝库学园的讲师外，还在八王和横滨开办了教室。

✿

如果您想要学习棒槌蕾丝或者对作品有疑问，请咨询作者。
电话：0081-45-352-7184

图书设计 L'espace 若山嘉代子
摄 影 石井宏明（封面、p.1~4、22、23、5 53、72、73、80）安田如水（文化出版局）
制 图 增井美纪 大乐里美（day studio）
协 助 杉谷千津子、山田阳代
校 对 向井雅子
编 辑 平井典枝（文化出版局）
发行人 大沼淳

**出版发行**：河南科学技术出版社

地址：郑州市郑东新区祥盛街 27 号 邮编：450016

电话：（0371）65737028 65788613

网址：www.hnstp.cn

**策划编辑**：刘 欣

**责任编辑**：刘 欣

**责任校对**：王晓红

**封面设计**：张 伟

**责任印制**：张艳芳

**印 刷**：河南新达彩印有限公司

**经 销**：全国新华书店

**开 本**：787 mm×1 092 mm 1/16 **印张**：6 **字数**：150 千字

**版 次**：2021 年 4 月第 1 版 2021 年 4 月第 1 次印刷

**定 价**：49.00 元

如发现印、装质量问题，影响阅读，请与出版社联系并调换。